KB234285

노르웨이
스웨덴
덴마크
에든버러
영국
벨기에
독일
체코
루체른
브레겐츠
프랑스
몽트뢰
스위스
오스트리아
베로나
아비뇽
아를
니스
엑상프로방스
포르투갈
스페인
이탈리아

핀란드
러시아
라트비아
리투아니아
폴란드
헝가리
★ 부다페스트
아

축제를 즐기러 떠나는 유럽

공연 소개하는 여자 윤하정의
축제를 즐기러 떠나는 유럽

초판 1쇄 인쇄 2015년 3월 12일
초판 1쇄 발행 2015년 3월 19일

글·사진 윤하정

펴낸이 김찬희
펴낸곳 끌리는책

출판등록 신고번호 제25100-2011-000073호
주소 서울시 구로구 오류동 109-1 재도빌딩 206호
전화 영업부 (02)335-6936 편집부 (02)2060-5821
팩스 (02)335-0550
이메일 happybookpub@gmail.com

ISBN 978-89-90856-71-5 14980
         978-89-90856-73-9 (세트)
값 10,000원

• 잘못된 책은 구입하신 서점에서 교환해드립니다.
• 이 책 내용의 일부 또는 전부를 재사용하려면 반드시 사전에 저작권자와 출판권자의 동의를
  얻어야 합니다.
• 이 도서의 국립중앙도서관 출판예정도서목록(CIP)은 서지정보유통지원시스템 홈페이지
  (http://seoji.nl.go.kr)와 국가자료공동목록시스템(http://www.nl.go.kr/kolisnet)에서 이용하실 수 있습니다.
  (CIP제어번호: CIP2015005567)

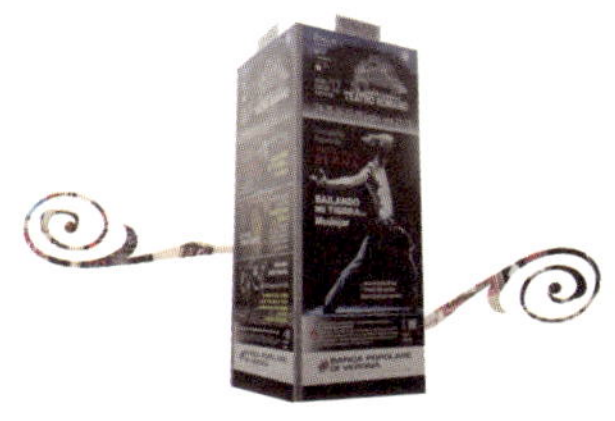

공연 소개하는 여자 윤하정의

축제를 즐기러 떠나는 유럽

글·사진 윤하정

브레겐츠·프로방스·베로나·몽트뢰·
루체른·에든버러·부다페스트

우리가 예술이라 부르는 문학과 미술, 음악은 긴밀하게 연결돼 있다. 이들은 또다시 연극과 오페라, 발레, 뮤지컬 등 수많은 공연예술로 파생돼 무대를 가득 채운다. 예를 들어 푸슈킨의 '예브게니 오네긴'은 차이콥스키의 음악을 만나 오페라로, 존 크랑코의 안무를 통해 발레로 태어나 전혀 다른 감동을 주지 않던가.

인간관계도 좁고 입도 짧은 내가 유일하게 방대한 오지랖을 자랑하는 것이 있다면 예술, 아니 이 말은 너무 거창하고, 그냥 '사람이 사랑하고 살아가는 이야기에 대한 관심'이 아닐까 한다. 이 관심은 가히 시대와 장르를 가리지 않았으니 유럽에서 나는 꽤나 바빴다. 그간 내 마음을 움직인 그 사연 속의 인물을 만나느라, 그 사연의 배경이 된 현장을 찾아가느라 공연장으로, 미술관으로, 때로는 도시 전체를 누벼야 했다. 영국 출신 셰익스피어의 《로미오와 줄리엣》은 프랑스에서 오페라와 뮤지컬로도 만들어졌는데, 파리에서 뮤지컬을 보는 것은 물론이고 작품의 배경이 된 이탈리아 베로나까지 찾아가보고 싶었던 것이다. 뿐만 아니라 공연예술의 종합판인 각종 축제를 쫓아다니느라 유럽여행을 할 때면 응당 구매하는 유레일패스 따위는 구경도 못한 채 영국에서 스위스로, 스페인에서 러시아로, 노르웨이에서 크로아티아로 경제적이지도, 효율적이지도 못한 동선을 고집해야만 했다.

그래서 책을 쓸 때도 일정한 순서를 잡기가 쉽지 않았다. 서유럽에서 동유럽으로, 북유럽에서 지중해로 이동한 것도 아니고, 몇 년에 걸쳐 여러 번 찾아간 곳도 있기 때문이다. 고심하던 끝에 마음으로부터의 접근성, 친숙함을 기준으로 책을 나눠보았다.

《공연을 보러 떠나는 유럽》은 유럽여행하면 쉽게 떠올리는 곳, 도시 전체가 복합문화공간처럼 즐길 거리가 넘쳐나는 곳이다.《축제를 즐기러 떠나는 유럽》에서는 조금은 낯선 이름만큼 찾아가기도 번거롭지만 '사랑하고 살아가는 것'에 더욱 집중할 수 있는 곳을 소개했다. 마지막으로《예술이 좋아 떠나는 유럽》에서 찾아간 곳은 여타 여행서에도 많이 소개되지 않은 도시들이다. 아직은 생소한 그곳에서 자기만의 특별한 그림을 그려봤으면 좋겠다.

여행은 스스로에게 줄 수 있는 가장 큰 선물이라고 생각한다. 그러니 패키지를 어떻게 구성할지도 순전히 자기 몫이다. 나는 미음을 나누고 소통하는 것에 집중했다. 그동안 무대에서, 책에서, 음악에서, 그림에서 만났던 수많은 인물들을 찾아가 대화를 나눴고, 서로를 다독였고 위로했다. 철저히 혼자였지만, 신기하게도 수많은 나와 마주할 수 있었다. 나와 같은 패키지를 구성하고 싶다면 이 책이 작은 힌트가 되길 바란다.

바다가 보고 싶은 마음에 충동적으로 기차에 오른 적이 있다. 그런데 주말이라 그런지 만석인 기차 안의 공기는 유난히 답답했고, 옆자리에 앉은 남자에게선 깊게 밴 담배 냄새까지 났다. 참자, 두 시간만 견디면 푸른 바다와 시원한 바다 내음을 마음껏 담을 수 있다. 그러다 문득 여행이야말로 이른바 밀당의 고수라는 생각이 들었다. 여행은 자유로움의 상징이다. 그런데 그 여행길에 나서기 위해서는 그 어느 때보다 자유롭지 못한 순간을 견뎌야 하지 않던가. 시간과 자금이라는 현실적인 문제를 제쳐두고라도, 누구도 목적하는 여행지로 순간이동할 수는 없다. 비행기든 기차든 자동차든 길게는 하루를 넘기는 오랜 시간을 좁은 좌석과 낯선 옆 사람, 지루하고 답답한 시간과 공간을 버티고 버텨야 목적지에 도달할 수 있다. 그 오랜 인고의 시간이 있었으니 여행지에서 느끼는 자유와 해방감은 배가 될 터. 여행은 실로 밀당의 고수이지 않은가.

나는 그 고수에게 제대로 당했다. 오스트리아 브레겐츠 페스티벌에 다녀온 뒤였을까? 어렵게 찾아간 만큼 그 신천지에 홀딱 마음을 뺏겼고, 문득 앞으로 몇 번이나 유럽의 음악축제를 찾아갈 수 있을까 생각해봤다. 1년에 한 곳씩 간대도 10년이면 열 곳밖에 못 간다는 생각을 하니 애가 타서 참을 수가 없었다. 결국 '나는 이상주의자'라는 명목을 내세워 밀당의 고수에게 나의 현실을 바쳤다.

이 책에는 조금은 낯선 이름만큼 찾아가기도 쉽지 않은 도시들이 모여 있다. 일단 인천공항에서 바로 가는 비행편이 없고, 국제공항이 없는 도시들도 많아서 인근 도시에서 기차나 버스로 갈아타고 또다시 찾아들어가야 한다. 그러니까 한국에서 가자면 기본적으로 열다섯 시간 안팎의 자유를 반납해야 하는 것이다. 하지만 밀당이 관계의 기술이라면 이들 여행지의 넘치는 매력은 그 기술에 걸려든 것을 결코 후회하지 않게 할 것이다. 수많은 예술가들이 삶의 한순간을 기댔던 곳, 현존하는 수많은 예술가들이 여전히 찾아들고 있는 곳, 그리고 도시 인구보다 많은 관광객들이 몰려드는 곳. 유럽의 진한 매력을 느끼고 싶은 여행객에게 이만큼 매혹적인 곳이 있을까?

유럽에 한두 번 발을 들이는 사람에게 유명 관광지를 제치고 이 숨은 도시들부터 찾아가라고 말하지는 않겠다. 하지만 밀라노에서 베네치아를 간다면 베로나를 잊지 말자. 취리히에서 인스부르크로 넘어간다면 브레겐츠도 넣어주자. 파리만 가지 말고 프로방스에도, 프라하에만 열광하지 말고 부다페스트에도 가보자. 그 숨은 도시에서 펼쳐지고 있는 파격적인 축제를 보게 된다면 당신도 열다섯 시간의 자유쯤은 두 번이고 세 번이고 자진 반납하게 될 것이다.

Contents

유럽 공연여행의 시동을 걸다_브레겐츠 12

축제와 풍경 사이를 걷다 _ 프로방스 30

고대 원형경기장에서 오페라를 보다_베로나 58

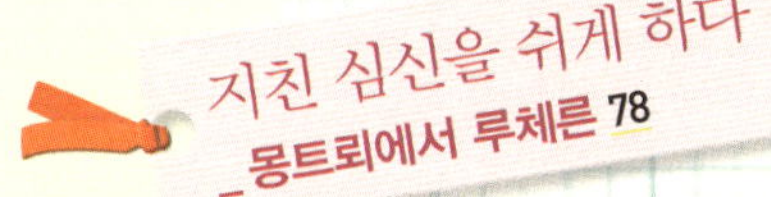

지친 심신을 쉬게 하다
_ 몽트뢰에서 루체른 78

세계의 군악대를 만나다
_ 에든버러 102

숨겨진 아름다움을
발견하다_ 부다페스트 118

Bregenz

유럽 공연여행의
시동을 걸다

● 브레겐츠 ●

꼭 10년 전인가 보다. 당시 유명 공연기획사 웹진의 필진으로 참여하고 있던 나는 라이브 콘서트를 보고 리뷰를 쓰거나 공연 전 연습실이나 포스터 촬영 현장을 찾아가 인터뷰를 하는 등 기획기사를 쓰고 있었다. 내로라하는 가수들의 공연을 기획하는 회사였기 때문에 일반 기사를 쓰는 것보다 재미있었고, 지인들도 그런 나를 부러워했다.

그런데 20대 후반을 달리고 있었기 때문일까? 그때의 무료함과 무력감이란. 마약에 중독된 사람처럼 콘서트 장에서 느꼈던 황홀함도 잠시,

대부분의 시간을 인간의 존재 이유에 대해 고민했던 것 같다. 톨스토이
는 사람은 '사랑'으로 산다고 하였으나, 나는 그 사랑에 영혼을 팔았던
터라 존재감은 희박했고 일상은 지루하기 짝이 없었다.

　　그때였다. 그 웹진에서 '브레겐츠 Bregenz'라는 이름이 눈에 들어온 것
은. 해외 통신원이 유럽 페스티벌에 관해 쓴 기사였는데, 오스트리아 구
석의 작은 도시에서 열리는 오페라 축제에 수만 명의 여행객이 모여든
다는 것이다. 도시 인구가 3만 명인데 하루 관람객이 7천 명이란다! '별
세상이 다 있군.' 그 기사에는 브레겐츠를 찾아가는 지도가 함께 실렸는
데, 당시 나에게는 오즈의 마법사가 있는 에메랄드 시처럼 현실 밖의 세
상 같았다. 이런 곳은 도대체 누가, 어떻게 가는 것일까?

파스텔 톤의 건물들이 사랑스러운 관광 도시 브레겐츠

브레겐츠를 찾아서

그런 곳은 나처럼 평범한 사람이 용기를 그러모아 가는 곳이었다! 나는 독일행 비행기에 몸을 실었다. 브레겐츠를 알게 된 지 2~3년 뒤였다. 물론 그사이에도 존재의 이유는 밝혀지지 않았고, '인생 뭐 있나? 어차피 먹고살자고 버는 돈 일단 써보기나 하자!'라는 심정으로 여행길에 나섰다. 그때만 해도 브레겐츠를 아는 사람은 극히 드물어서 인터넷으로 검색을 해도, 여행사에 문의를 해도 별다른 정보를 얻지 못했다. 그래서 나의 루트는 거의 '짐작'에 가까웠다. '이렇게 하면 도착할 수 있을 것 같은데…….'

축제의 도시 브레겐츠

겨우 일주일 휴가를 허락받은 직장인이었기에 내게는 돈보다 시간이 중요했다. 그래서 직항편 좌석에 여유가 있는 독일로 입국한 뒤 오스트리아 잘츠부르크로 넘어가, 잘츠부르크에서 다시 기차를 타고 브레겐츠로 이동하는 경로를 선택했다. 여름이면 잘츠부르크에도 음악축제가 있으니 오스트리아의 뮤직 페스티벌을 마음껏 즐겨보자는 계획이었다. 다행히 나의 짐작은 적중했고, 잘츠부르크에서 네 시간을 달려 브레겐츠라는 푯말이 걸린 기차역에 도착했다. 신기하기도 하고, 거기까지 찾아간 것이 기특하기도 해서 폴짝폴짝 뛰었다. 그때만 해도 그곳에 그렇게 어마어마한 무대가 있으리라고는 상상하지 못했다.

브레겐츠 페스티벌이 그렇게 특별해?

유럽에 있는 수많은 음악축제 가운데 브레겐츠가 각광받는 이유는 무엇일까? 바로 엄청난 무대가 호숫가도 아닌 '호수 위'에 마련되기 때문이다. 그리고 그 무대는 단연코 이 세상 어디에도 없는 특별함으로 관객들을 압도한다. 사람이 이런 무대를 만들 수 있다니! 그것도 이 작고 고요한 마을에!

브레겐츠 페스티벌은 1945년에 시작됐다. 1946년부터 빈 심포니 오케스트라가 연주를 도맡아 왔고, 세계적인 성악가들이 무대에 서고 있다. 물론 이들을 굳이 브레겐츠까지 찾아 들어가 만날 필요는 없다. 하지만 무대 연출을 더하면 얘기는 달라진다. 상상을 뛰어넘는 파격적인

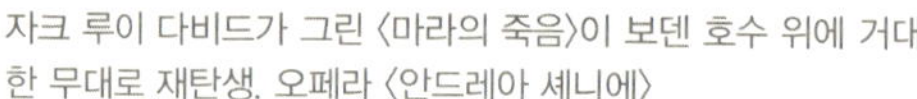
자크 루이 다비드가 그린 〈마라의 죽음〉이 보덴 호수 위에 거대
한 무대로 재탄생, 오페라 〈안드레아 셰니에〉

무대를 볼 수 있기 때문이다. 나는 그 호수 무대에 빠져 2009년에 이어 2012년에도 브레겐츠를 찾았는데, 각각 베르디의 〈아이다〉와 조르다노의 〈안드레아 셰니에〉가 공연되고 있었다.

오페라 〈안드레아 셰니에〉는 프랑스 혁명 때 활동한 시인 안드레아 셰니에의 이야기를 다룬 작품이다. 덕분에 보덴 호수는 거대한 목욕통으로 변신했다. 무대감독의 말로는 프랑스 혁명기 화가인 자크 루이 다

축제를 즐기러 떠나는 유럽

비드가 그린 〈마라의 죽음〉에서 영감을 얻었다고 한다. 마라는 프랑스 혁명의 3대 주역 가운데 한 사람으로, 목욕 중에 욕조에서 암살당했다. 그래서 무대 위에는 보덴 호에 몸을 담그고 있는 남자의 상반신이 설치돼 있다. 이 규모가 어느 정도인가 하면 상반신 길이가 24미터, 머리 무게만 60톤에 달한다. 상반신은 조명에 따라 전혀 다른 분위기를 자아내는데, 공연 중반 이 상반신의 목이 뒤로 꺾이면서 머리 안의 또 다른 무

대가 나타날 때면 여기저기에서 놀라움의 탄식이 쏟아진다. 동네 축제가 아닌 것이다!

앞서 베르디의 〈아이다〉가 공연될 때는 원작을 상당 부분 각색해서 고대 이집트를 전쟁으로 얼룩진 미국으로 묘사했다. 무대 위에는 사막의 피라미드 대신, 잘린 두 발과 자유의 여신상을 떠올리게 하는 갈라진 얼굴이 나타난다. 무대 뒤편에는 대형 건물을 올리고도 남을 거대한 크

축제를 즐기러 떠나는 유럽

180억 원이 들었다는 오페라 〈아이다〉의 무대

레인 두 대가 버티고 있는데, 극 후반에 '개선행진곡'에 맞춰 갈라진 얼굴을 이어붙인다.

그뿐이 아니다. 물속에 처박혀 있던 횃불이 솟아오를 때는 객석이 술렁인다. 호수 무대의 특성을 적극 살려 배우들이 배를 타고 무대에 등장하거나 물속으로 뛰어든다. 심지어 하늘로 날아오르기도 하는데, 이건 뭐 블록버스터급 영화를 보는 기분이다. 이처럼 특별하고 거대한 무대

전환이 실시간으로 진행되는 오페라에서 가능하다니! 당시 이 무대를
만드는 데는 1000만 파운드, 우리 돈으로 약 180억 원이 들었다고 한다.
이렇게 상상을 초월하는 엄청난 규모의 무대 세트 때문에 브레겐츠 페
스티벌에서는 2년 동안 같은 작품을 무대에 올린다. 그리고 새로운 무대
가 솟아오를 때마다 전 세계의 공연쟁이들은 촉각을 곤두세운다. 이번
에는 어떤 혁명이 일어날까?!

브레겐츠 페스티벌 A to Z

　브레겐츠에서 오페라 공연을 볼 때 아쉬운 점은 역시 언어의 장벽이
다. 유럽의 뮤직 페스티벌을 즐긴다고 하면 사람들은 내가 굉장한 음악
마니아라고 생각하는데, 음악을 '좋아하는 것'과 '잘 아는 것'은 다르다.
나는 그저 클래식에서 팝, 재즈, 록에 이르기까지 다양한 음악을 좋아
할 뿐이다. 다시 말해서 나처럼 클래식 음악을 잘 몰라도 얼마든지 축제
를 즐길 수 있다(물론 잘 알면 더 재밌을 것이다). 문제는 브레겐츠에서 공
연되는 오페라도 대부분 이탈리아 작품이 많기 때문에 노래는 이탈리아
어로, 각종 프로그램과 자막은 독일어로 진행된다. 그 흔한 영어 한 마디
나오지 않는다. 특히 브레겐츠 페스티벌에서는 파격적인 무대 연출만큼
내용이 각색될 때가 많아서 오페라 줄거리를 알고 있다고 한들 세세한
부분까지는 이해하지 못할 때가 있다. 이래서 오페라 마니아들이 이탈
리아어를 배우나 보다.

축제를 즐기러 떠나는 유럽

브레겐츠 페스티벌 하우스의 야외 객석 뒷모습

공연 전 브레겐츠 페스티벌 하우스 주변의 한가로운 풍경

포어아를베르크의 주도인 브레겐츠는 동서로 길게 뻗은 오스트리아의 서쪽 끝에 자리하고 있는데, 보덴 호수를 사이에 두고 독일, 스위스와 국경을 맞대고 있다(그래서인지 브레겐츠에서 유람선을 타거나 산 위에 오르면 통신회사들이 정신을 못 차리고 번갈아 '스위스, 독일, 오스트리아에 오신 것을 환영합니다'라는 메시지를 보내온다). 우리나라에서 가자면 오스트리아의 동쪽에 자리한 수도 빈이 아니라 브레겐츠와 국경을 맞대고 있는 스위스 취리히나 독일 뮌헨에서 접근하는 것이 더 빠르다. 이들 도시에서는 기차로 두 시간 정도 달리면 도착할 수 있다(버스나 기차로 30분 거리에는 독일의 프리드리히스하펜 공항도 있다).

7월 중순부터 한 달 동안 진행되는 페스티벌 기간에 매회 7천 석에 달하는 오페라 티켓은 페스티벌이 가까워질수록 숭숭 빠져나갔다. 이 무대를 보겠다고 여름 한철에 20만 명 이상의 관객들이 몰려오는 것이다. 그 바람에 브레겐츠에서는 중저가의 숙박 시설을 찾기가 힘들다. 마음을 정했다면 항공권과 공연 티켓, 숙박 시설을 구하기 위해 재빨리 마우스를 움직여야 한다. 객석은 호수 무대를 향해 눈썹 모양으로 층층이 놓여 있어서 어느 좌석을 예매해도 무대를 보는 데 지장이 없다. 단, 티켓이 우편으로 배송되므로 주소를 잘 적어야 한다.

브레겐츠 예찬

자그마한 기차역, 소박한 마을 전경. 나는 처음에 조금은 우쭐한 마음으로 브레겐츠를 돌아다녔다. '나 대도시에서 온 여자라고!' 뭐 이런 생각이었을까? 그런데 길을 걷다 멈춰선 건널목에서 자동차가 지나가지 않아 무심히 운전석을 바라봤더니, 젊은 여인이 싱긋 웃으며 먼저 지나가라는 손짓을 보냈다. 그 순간 따뜻한 말 한마디에 와르르 무너지는 정에 굶주린 사람처럼 나는 완전히 무장해제돼 버렸다(지금도 그 경쾌한 미소와 손가락의 우아한 움직임을 잊을 수가 없다).

페스티벌 하우스를 찾아가는 길은 유럽의 여느 호수 마을처럼 나무와 꽃, 레스토랑과 노천카페로 가득하고 사람들은 한가로움을 만끽하고 있다. 할아버지들이 대형 체스를 두는가 하면, 어린아이들이 여기저기에서 물놀이를 한다. 청춘들은 젊음을 발산하며 그들을 지나치는 더딘 시간

한가로운 브레겐츠, 여유로운 사람들

산등성이 그림 같은 집

을 재촉한다. 대도시에 사는 나는 누려보거나 또는 베풀어보지 못했던 근사한 모습, 이것이 여유라는 것일까?

브레겐츠는 그 뒤로도 줄곧 나를 놀라게 했다. 한번은 어둠이 깔린 객석에서 알프스 자락에 자리한 집들을 바라보며 심각하게 염려한 적이 있다. '전기는 들어올까? 저런 산자락에서 어떻게 살지? 도심까지 내려오려면 힘들지 않나?' 그런데 그 야트막한 산자락까지는 트래킹 코스가 나 있고, 케이블카를 타고 이동할 수도 있었다. 이미 급격한 체력 저하를 느끼고 있던 나는 조금의 주저함도 없이 케이블카를 탔다. 그런데 세상에나, 전날 밤 안타까움으로 바라봤던 산자락에 자리 잡은 집들이 가

축제를 즐기러 떠나는 유럽

아기자기한 브레겐츠

까이서 보니 저마다 멋들어진 풀장까지 갖춘 저택이었다. 하루하루 열심히 일해야 하는 나로서는 구경하기도 힘든 그림 같은 집 말이다. 현지인들이 사는 타운 쪽으로 들어가면 사람 크기의 종이 인형들이 줄지어 있는 놀이터, 조용하고 아기자기한 골목길, 오색 꽃나무를 가득 품은 단란한 집, 365일 찾아가고 싶은 아름다운 도서관이 반긴다. 도대체 여기는 어디인가? 이렇게 고요하게, 이렇게 한가롭게도 사람이 살아갈 수 있구나!

브레겐츠는 마치 페스티벌을 위해 존재하는 마을 같다. 도시 곳곳에 아담하면서도 아기자기한 상점들이 많은데, 진열대 곳곳에 숨은그림찾

기처럼 그해의 오페라를 선전하는 물품들이 놓여 있다. 호수 주변에 앉아 있노라면 전날 봤던 오페라가 쩌렁쩌렁 들려오고, 호수 밖에서도 다양한 오페라와 연주회, 전시회가 열린다. 유람선을 타고 호수 건너 독일의 작은 마을에 다녀올 수 있고, 트래킹이나 하이킹, 물놀이도 즐길 수 있다(물론 나는 호숫가에 자리 잡은 카페나 레스토랑에서 그저 호젓하게 시간을 보내는 것이 가장 좋다).

유럽 음악축제를 말할 때면 가장 먼저 브레겐츠 페스티벌이 떠오른다. 어스름과 함께 시작된 오페라가 절정에 달할 때쯤 호숫가를 제외한 일대가 짙은 어둠에 휩싸이는데, 그럴 때면 유체이탈을 하는 사람처럼 객석에 앉아 있는 나를 바라본다. '이게 꿈인가, 현실인가?' 알프스 자락에 숨어 있는 작은 마을, 그 호수에서 펼쳐지는 거대한 오페라, 오밤중에 그 공연을 보고 있는 까만 머리의 조그마한 나…….

이런 경험, 일생에 한번쯤은 해봐도 좋지 않을까?! 철커덕, 브레겐츠에서 나는 내 삶의 선로가 바뀌는 것을 느꼈다. 존재의 이유는 여전히 알 수 없었지만, 마음속에서 싱그러운 바람이 불어온다. 그래, 작은 일들에 연연하지 말자. 세상에 이렇게 보고 듣고 느낄 게 넘쳐나는데, 그것만으로도 살아볼 이유는 충분하잖아!

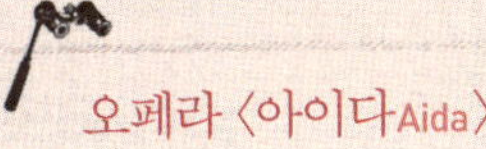

오페라 〈아이다 Aida〉

작곡: 주세페 베르디

배경: 1869년 수에즈 운하 개통을 기념해 이집트 정부가 의뢰한 작품.

초연: 1871년(카이로 오페라극장), 유럽에서는 1872년 베르디의 지휘로 밀라노 스칼라 극장

주요 아리아: '청순한 아이다', '이기고 돌아오라', '개선행진곡' 등

시놉시스: 전쟁 중인 고대 이집트와 에티오피아, 그 와중에 사랑에 빠진 에티오피아의 공주 아이다와 이집트의 장군 라다메스, 라다메스를 사랑하는 이집트 공주 암네리스의 이야기다. 암네리스 공주는 라다메스 장군이 전쟁에 승리하면 결혼할 생각에 부풀어 있지만, 라다메스는 암네리스의 노예인 에티오피아의 공주 아이다를 사랑한다. 에티오피아 정벌에 나선 라다메스는 개선장군이 되어 돌아오고, 에티오피아의 왕 아모나스로는 신분을 감추고 전쟁 포로로 끌려온다. 재건을 꿈꾸는 아모나스로는 딸 아이다를 시켜 라다메스에게서 이집트 군대의 진로를 알아내게 하고, 라다메스에게 아이다와 함께 에티오피아로 도망갈 것을 권한다. 이때 암네리스 공주가 나타나 라다메스를 반역죄로 체포한다. 암네리스는 아이다를 포기하면 라다메스를 살려주겠다고 제안하지만, 라다메스는 산 채로 돌무덤에 갇히는 사형선고를 묵묵히 받아들인다. 그리고 이를 짐작한 아이다는 미리 돌무덤에 들어가 라다메스를 맞는다.

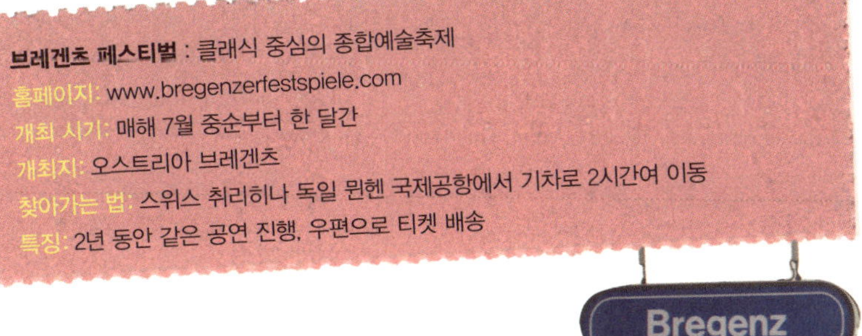

브레겐츠 페스티벌 : 클래식 중심의 종합예술축제

홈페이지: www.bregenzerfestspiele.com

개최 시기: 매해 7월 중순부터 한 달간

개최지: 오스트리아 브레겐츠

찾아가는 법: 스위스 취리히나 독일 뮌헨 국제공항에서 기차로 2시간여 이동

특징: 2년 동안 같은 공연 진행, 우편으로 티켓 배송

Provence

LES LOUPIOTES DE LA VI
THEATRE DES BELIER
Le baiser
de la veuve
Faites l'amour
avec
un
Belge !
Une comédie pétillante !
Un spectacle délirant de
Michaël Dufour
THEATRE LE PALACE
22h
01 48 65 97 90
06 22 89 36 81
du 8 au 31/7
BARBE-BLEUE
Espoir des
PALAIS ROYAL
14h45
LE MÉDECIN
MALGRÉ LUI
LOS ANGELES 1990
BARBE
BLEUE
Espoir des
BANQUE DE FRANCE
20.000
Lieues sous les Mers
CircaTsuica
FANFARE CIRQUE
FANFARERIE NATIONALE
COURTELIN
THEATRE DES BELI
SHHH
ECHOS-LIÉS
AU PALACE
Mes Elles
Mes Elles
Mes Elles
Mes Elles
Mes Elles
Le Dindon

축제와 풍경 사이를
걷다

● 프로방스 ●

누군가 나에게 파리행 항공권을 준다면 나는 슬그머니 TGV(테제베)
티켓을 한 장 더 예매해 주저하지 않고 남쪽으로 달려갈 것이다. 이름만
들어도 따사로운 프로방스로 말이다. 내가 처음 프로방스에 간 것은 직
장생활 10년 차에 접어들었을 즈음이다. 항상 커다란 곰이 업혀 있는 것
같고, 수시로 탈수기에 들어가 있는 기분. 그래서인지 당시 나의 화두는
'따뜻함, 평화로움, 평온함'이었다. 카리스마 작렬인 사람보다는 부드러
운 남자에게 끌렸고, 읽기 쉬운 책, 듣기 편한 노래가 좋았다. 그야말로

쉬고 싶었다. 한참 유럽 공연여행에 빠져 있던 때라 여름휴가로 어디를 가야 지친 마음을 달랠 수 있을까, 이른 봄부터 생각했다. 그렇게 낙찰된 곳이 바로 프랑스 남쪽 지방이었다.

전형적인 지중해성 날씨에 뜨거운 햇살과 천혜의 자연, 그것들이 빚어내는 다채로운 향과 색으로 이미 수많은 예술가들이 생의 한 자락을 보냈던 매혹의 땅. 그래, 열심히 일한 나, 떠나자!

나이스(nice)한 니스(Nice)

내가 고른 남프랑스의 관문은 니스다. 이름까지 나이스한 이곳은 지중해를 낀 유럽 도시 중에서도 손꼽히는 휴양지로, 우리나라에서 가려면 경유 편을 이용해야 한다.

나는 니스 인근의 아름답기로 소문난 소도시들을 둘러본 뒤, 7월이면 축제가 한창인 엑상프로방스와 아비뇽에서 프로방스의 황홀한 대자연까지 만끽할 심산이었다. 그렇게 예술과 풍경 속에 고단한 심신을 뉘여보기로 했다. 그런데 밤 9시쯤 니스 공항에 도착하자 싱가포르쯤에서 느낄 수 있었던 '무척 습함'이 엄습해온다. 시내로 들어가는 공항버스는 한여름의 유명 휴양지답게 이 밤에도 만원, 예상치 못한 상황에 정신이 혼미해지더니 수순처럼 삼재가 겹쳤다. 먼저 마세나 광장 주변에 숙소를 잡았는데 정류장을 잘못 내렸고, 간당간당하게 겨우 걸려 있던 해는 아주 사라졌으며, 내가 만난 니스의 젊은이들은 영어를 못했다.

그때 나는 20년 지기 친구 P와 함께였는데, 우리는 묻고 물어 자정이 지나서야 겨우 숙소에 도착할 수 있었다(불과 몇 년 전인데, 그때만 해도 스마트폰 따위는 내 손에 없었다). 많은 일들이 돌아보면 그렇듯, 다음 날 호텔에서 나온 우리는 그야말로 코앞에 호텔을 두고 찾아 헤맸다는 것을 알았다. 그리고 당연한 일이지만 니스는 여전히 무덥고 습했다. 도저히 밖을 걸어다닐 수 없을 정도로.

니스에 간다고 하면 누구나 1유로(2013년 현재 1.5유로) 버스를 권할 것이다. 단돈 1유로면 국제 영화제로 유명한 칸, 파트리크 쥐스킨트의 소설 《향수》의 배경이 된 그라스, 리비에라 해안을 내려다볼 수 있는 절벽 위의 도시 에즈, 연중 레몬 꽃이 핀다는 망통, 그리고 샤갈이 노년을

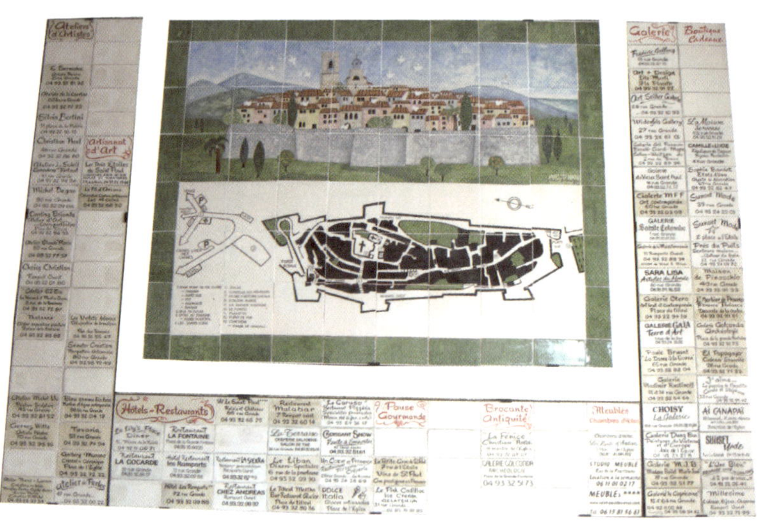

지도로 보는 언덕 위 생폴드방스

보낸 생폴드방스까지 데려다주는데, 이 버스가 니스 버스터미널에서 출발한다.

P와 나도 몇 곳을 공략했는데, 가장 기억에 남는 곳은 생폴드방스다. 니스에서 30분을 달려 버스에서 내리자 멀리 언덕 위 성벽으로 둘러싸인 마을이 보인다. 성벽을 경계로 세상과 분리돼 있는 듯한 모습이 무척 낯설고 고고하게 느껴진다.

성벽 안으로 들어서면 좁은 돌길 사이로 수많은 화랑과 공방이 들어차 있고, 기념품 가게의 앙증맞은 수공예품들은 물론 창문 하나 문고리 하나까지 아기자기하고 사랑스럽다. 돌담에는 형형색색의 꽃들이 가득하고, 굽이굽이 돌아가는 골목길을 따라가면 아름다운 돌집에서 금방이라도 난쟁이가 튀어나올 것 같다. 운치 있는 노천카페와 레스토랑도 생폴

아기자기하고 사랑스러운 생폴드방스

드방스의 매력을 더한다. 생폴드방스는 지금도 16세기의 모습을 고스란히 간직하고 있다. 전 세계를 무대로 활약했던 화가 샤갈은 생애 마지막 20여 년을 이곳에서 보냈다. 이 작은 마을에서 말이다. 지난 10년 동안 바쁘게 달려온 우리에게 불어오는 이 싱그러운 바람이 샤갈에게도 꿈결 같았던 것일까?

니스로 돌아왔지만 무더위는 여전하다. 도심의 풍경이 제아무리 아름다워도 자꾸만 에어컨이 있는 실내만 찾게 된다. 하지만 여기까지 왔는데 영국인의 산책로 Promenade des Anglais 를 걸어보고 싶었다. 니스에서 빼놓을 수 없는 그림은 바로 해안을 따라 들어선 3.5킬로미터의 산책로. 수많은 관광객과 현지인들이 이 길을 따라 달리거나 걸으며 지중해를 바라다본다.

그런데 프랑스에 웬 영국인 산책로일까? 항상 우중충한 섬에서 살던 돈 많은 영국인들은 예부터 유럽에서 날씨 좋은 곳을 찾아다니며 흔적을 남겼는데, 니스 역시 영국인들이 즐겨 찾았던 휴양지다. 그래서 이 산책로를 만들 때 많은 영국인들이 돈을 기부했다고 한다. 그런데 사진에서는 그렇게 근사해 보이던 해변이 직접 산책을 하려니 후텁지근한 데다 모기 떼가 장난이 아니다. 나만큼이나 더위에 취약한 P도 얼굴이 울상이고, 나도 뭘 어떻게 해야 할지 몰라 당황했다. 아무래도 불쾌지수가 최고조에 달했던 것 같다.

둘이서 한마디도 없이 얼마나 걸었을까? 갑자기 웬 할아버지가 방긋 웃으며 말을 건넨다. 할아버지의 이름은 그 흔한 무초. 뉴욕에 사는 이탈

겨울이라 조금은 한적해 보이지만 세계적인 휴양지로 손꼽히는 니스의 그림 같은 해변

리아 분인데, 고향 가는 길에 니스에 며칠 머물고 있다고 했다. 내가 그의 젊은 시절 일본인 애인과 닮았단다. 이건 정말 할아버지 세대에나 통할 작업 멘트였으나 어찌나 유쾌하게 말을 걸어오는지 그냥 뿌리칠 수가 없었다.

"니스는 다 둘러봤어?"

"아니요, 너무 더워서 여기도 긴신히 나왔어요."

"저런. 나는 옛사랑과 닮은 사람을 봐서 기분이 아주 좋아. 내가 숙녀들을 안내해도 될까? 구시가에 가면 맛있는 젤라토 가게도 있는데."

"정말요? 좋아요!"

P는 내 옆구리를 쿡쿡 찌르며 낯선 사람을 따라가면 어떻게 하느냐고 말렸지만, 웬일인지 평소 의심 많은 나는 일말의 의구심도 없이 할아버

지를 쫄래쫄래 따라갔다. 할아버지는 오페라하우스며 법원이며 유서 깊은 건축물들을 일일이 소개해주신다.

"여기는 구시가야. 관광객들은 물론이고 니스의 현지인들이 자주 찾는 곳이지. 니스를 비롯한 남프랑스 지역에는 고대 로마시대의 유적이 많아. 그래서 이탈리아적인 요소가 많지. 시가지 모습이며 골목길, 건축물, 레스토랑, 카페까지도."

날이 어두워졌지만 구시가는 더욱 활기를 띠었다. 노천카페와 레스토랑은 하루 일과를 마친 사람들로 북적이기 시작했고, 광장에서는 다채로운 공연들이 펼쳐졌다.

"여기 서서 이 골목길과 저 계단, 주변의 건물들을 한번 바라봐. 근사하지 않아? 한 폭의 그림처럼 운치 있게 만들었다고."

할아버지는 니스에 자주 오시는지 구시가 구석구석을 누비며 안내해주신다. 그러고는 이탈리아식 젤라토를 맛있게 하는 곳이 있다며 우리를 데려가셨다. 젤라토를 좋아하는 나는 또 신이 나서 이것저것 주문하고 있는데 P가 걱정스럽게 묻는다.

"먹어도 되는 거야? 혹시 이상한 거면 어떡해?"

"음, 그럼 나는 먹을 테니까 너는 먹지 말고 정신을 차리고 있어!"

사실 P는 여행 중에도 기회만 있으면 양껏 술을 마시고 기차 안이건 버스 안이건 그냥 잠을 잔다. 그때마다 다음 행선지를 놓치지 않기 위해 바짝 긴장하는 건 늘 내 몫이었다. 이번엔 역할이 바뀐 듯하다.

P는 정말 걱정이 됐는지 젤라토를 거의 먹지 않는다. 할아버지는 우리가 처음 니스에 도착해서 길을 헤맸다는 말에 "큰 도시가 아니면 공항에

서 숙소까지 택시를 타는 게 좋아. 짐도 있고 길도 잘 모르는데 호텔을 찾아 헤매다 지쳐버리거든."

정말 그렇다. 두 사람이면 공항 리무진이나 택시나 가격 차이도 크지 않다. 할아버지는 자신이 머물고 있는 호텔 이름과 방 번호를 알려주면서 니스에서 도움이 필요하면 주저하지 말고 전화하라고 하셨다.

"숙녀 분들, 늦었으니 이제 그만 숙소로 돌아갈까?"

그러고는 한사코 우리가 머물고 있는 호텔 근처까지 데려다주시더니 이탈리아식으로 인사해도 되겠느냐며 가볍게 포옹을 해오셨다. 뒤돌아보며 몇 번이나 손을 흔들고서야 P와 나는 호텔에 도착했다. 처음 영국인 산책로를 찾아갈 때와는 전혀 다른 기분이었다. 덕분에 잠시 해맑아진 나는 아이 같은 생각에 빠진다.

"무초 할아버지, 천사인가? 우리가 길 잃고 징징대고 있으니까 하늘에서 보내준 거 아냐?"

"하긴 할아버지 만난 뒤로는 덥지도 않더라. 구시가지도 다 보여주고, 가이드가 따로 없었어."

서른 살 넘은 두 여인이 할 얘기는 아니지만, 우리는 무초가 할아버지로 변장한 천사라고 믿어 의심치 않았다.

프로방스의 중심 엑상프로방스

니스에서 버스로 3시간 30분을 달려 도착한 곳은 프로방스의 중심, 엑상프로방스다. 현지인들은 그냥 '엑스'라고 부르더라. P와 나는 무초 할아버지가 알려준 대로 버스터미널에서 택시를 잡아탔다. 주소를 보여줬더니 막힘없이 호텔 앞에 내려준다(역시 무초는 천사가 분명하다).

엑스의 중심인 미라보 거리에 들어서자 500년의 수령을 자랑하는 거대한 플라타너스가 신세계를 안내하듯 길 양쪽으로 늘어서 있다. 그 길을 따라 수많은 레스토랑과 노천카페들이 여행객의 허기진 마음과 지친 다리를 유혹한다. 엑스의 또 다른 자랑은 바로 분수와 조각품. 도시 곳곳에 있는 다양한 형태의 분수에서는 연신 말간 물이 뿜어져 나오고, 나무 옆에는 응당 벤치가, 그리고 그 옆에는 조각공원에서나 볼 만한 다채로운 조각품들이 무심히 자리하고 있다.

분수와 조각의 도시 엑상프로방스

축제를 즐기러 떠나는 유럽

미라보 거리를 중심으로 왼쪽이 엑스의 구시가인데, 7월의 엑상프로방스 페스티벌이 이곳의 공연장과 성당, 박물관 등에서 다양한 무대를 마련한다. 축제의 중심은 역시 오페라다. 오페라 중에서도 메인 무대는 이 지역의 대주교가 거주했던 아르슈베셰 궁전평소에는 태피스트리 미술관으로 이용 안뜰에서 마련된다. 안뜰이라 함은 일종의 야외무대, 밤하늘의 별들이 또 하나의 무대 연출인 셈이다. 좌석이 많지 않아서인지 연초부터 티켓 판매가 시작되는데 인터넷으로 표를 구하기는 쉽지 않았다. 하지만 몇 차례 페스티벌에 가봤으니 섣부른 포기는 금물.

P와 나는 궁전을 찾아 나섰다. 공연은 밤 10시에 시작하는데 9시가 되자 관계자들이 모습을 드러낸다. 그리고 현장 판매가 시작됐다. 미리 줄

오페라 공연이 펼쳐지는 아르슈베셰 궁전

을 서 있었기에 어렵지 않게 티켓을 구할 수 있었는데, 한 시간을 현지인들 사이에 끼어 있는 건 정말 힘들었다. 누군가 우스갯소리로 싸울 때는 독일어로, 사랑을 속삭일 때는 프랑스어로 하라던데, 난 프랑스인 연인은 사양하겠다. 남녀노소 어쩜 그리도 쉼 없이 수다를 떠는지, 전방위에서 터져나오는 현란한 프랑스어를 계속 듣고 있자니 없던 두통이 생겼다.

2010년 엑상프로방스 페스티벌에서는 모두 다섯 개의 오페라 작품이 무대에 올랐다. 모차르트의 〈돈 조반니〉는 귀에 익숙하지만 글루크의 〈알체스테〉, 스트라빈스키의 〈나이팅게일의 노래〉, 라모의 〈피그말리온〉 등이 모두 낯설기만 하다. 나라마다 오페라의 레퍼토리가 이렇게나 다를 수 있다는 것을 처음 깨달았다.

우리는 글루크의 〈알체스테〉를 봤는데 프랑스어로 오페라를 듣는 건 처음이라 신기했다. 하지만 자막까지 프랑스어로 나와, 줄거리와 주요 아리아를 숙지하고 갔는데도 집중력을 유지하기가 쉽지는 않았다. 급기야 옆에 앉은 P는 졸음에 몸을 가누지 못하고 360도 회전을 하고 있다. 뒤에 앉은 관객이 P의 어깨를 가만히 잡아준다. 일행이 아닌 척하려 했는데(미안하다, P야), 생각해보니 이 공간에 동양인은 달랑 둘. 나라도 눈을 부릅뜨고 있을 수밖에 없다. 그것이 애국하는 유일한 방법인 것 같다. 졸음을 이겨내고 발견한 것은 다른 나라에서 보는 오페라와는 사뭇 다른 '느낌'이었다. 무대 연출이며 의상이 심플하면서도 우아하다고 할까? 결코 내려올 줄 모르는 프랑스인들의 도도한 턱 선처럼 자긍심으로 충만한 작품, 그렇기에 특별히 치장하지 않은 무대, 하지만 옛 궁전의 뜰이

아르슈베세 궁전 야외무대

제공하는 화려함과 밤하늘, 미풍이 선사하는 운치. 이 모든 것들이 치밀하게 계산된 듯 나를 둘러싼 시간과 공간을 채우고 있다는 생각이 들었다. 프랑스어를 배워볼까? 나도 이곳의 관객들처럼 우아하게 저 무대를 이해하고 싶은 마음이 용솟음친다.

공연이 끝난 뒤에는 샴페인도 주는데 자정이 넘은 탓에 P와 나는 발길을 재촉했다. 이럴 때 P의 감각은 뛰어나서 단숨에 숙소를 찾아냈다. 덕분에 나는 밤하늘의 별을 조명 삼아 오페라를 보고, 다시 그 별을 벗 삼아 샴페인을 마시는 그들 일상의 여유를 잔상으로 남길 수 있었다.

반 고흐의 흔적을 찾아서

엑스에 머무는 동안 우리는 아를에 다녀왔다. 아를 하면 빈센트 반 고흐가 떠오를 것이다. 1888년 35세의 반 고흐는 아를을 찾아왔다. 이곳에서 15개월 동안 200점 이상의 작품을 쏟아내고 37세에 스스로 목숨을 끊었다. 살았던 집이며 머물렀던 정신병원, 그리고 즐겨 찾았던 카페 등 그가 화폭에 담았던 수많은 모습이 그대로 살아 있는 곳이라 그런지 한 걸음 한 걸음 마치 반 고흐의 그림 속을 걷는 것 같았다.

반 고흐는 네덜란드 출신이라 암스테르담에 가면 반 고흐 박물관이 있고, 그곳에 그의 수많은 작품들이 전시돼 있다. 그의 일생과 작업 방법, 무수한 이야기까지. 암스테르담이 반 고흐의 전기를 읽을 수 있는 곳이라면 아를은 마치 일기 같다. 위대한 천재 화가 반 고흐가 아니라 상처받고 고뇌했던 인간 빈센트를 만나는 곳 말이다. P와 나는 반 고흐가 자주 찾았다는 카페에 앉아 시원한 주스로 더위를 식힌다. 그는 이곳에서 무슨 생각을 했을까?

우리는 왜 반 고흐의 그림을 좋아할까? 그의 그림이 그토록 대단할까?

아마도 반 고흐의 그림에는 한 사람의 이야기가 있기 때문일 것이다. 살아 있을 때는 단 한 점의 그림밖에 팔지 못했고, 그 때문에 동생에게 의지해 살 수밖에 없었던 화가, 너무 여린 마음을 다스리지 못해 지나치게 기대고 상처받았던, 나약하고 미숙한 사람. 우리는 생전에는 인정받지 못했던 반 고흐의 그림에 상처받고 방황하는 자신을 비춰보는지도 모른다. 나도 반 고흐처럼 아프고 외롭다고,

반 고흐가 머물렀던 아를의 정신병원

폴 세잔과 엑상프로방스에 있는 그의 아틀리에

하지만 언젠가는 그의 그림처럼 누군가는 나를 알아줄 거라고.

남프랑스는 많은 화가들이 사랑했던 곳이다. 생폴드방스에 샤갈이 있었다면 니스에는 마티스가 체류했고, 아를에 고흐가 있었다면 엑상프로방스에서는 세잔이 태어나 활동했다. 누군가는 이곳의 아름다움을 만끽했고, 누군가는 이곳에서조차 아파하고 힘들어했다. 하지만 남프랑스를 여행하다 보니 이들의 작품에 공통적으로 나타나는 풍부한 색채가 이곳의 따사로움과 풍요로움에서 빚어졌구나 싶어 자연스레 고개를 끄덕이

축제를 즐기러 떠나는 유럽

게 된다. 곳곳에 그들의 작품을 볼 수 있는 미술관과 아틀리에가 잘 조성되어 있어 남프랑스는 회화를 좋아하는 사람들에게도 환상적인 여행지다.

축제의 도시 아비뇽

엑스에서 버스로 1시간 20분을 달려 아비뇽에 도착했다. 1309년 교황 클레멘스 5세가 교황청을 아비뇽으로 옮긴 뒤, 약 70년간 7대의 교황이 머물렀던 곳이다.

버스에서 내리면 거대한 성벽이 마치 시공간을 나누듯 펼쳐져 있다. 실제로 성벽 안으로 들어서면 이곳은 지금과는 전혀 다른 세상, 더위에 지친 관광객들을 반기는 거대한 플라타너스만이 과거와 현재를 연결해 주는 것 같다. 아비뇽은 성벽 안 구도심 전체가 축제의 장이다. 벽이나 건물은 포스터로 도배되어 있으며, 나무들도 포스터를 주렁주렁 달고 있다.

아비뇽에서는 해마다 7월 초부터 3주간 아비뇽 페스티벌이 열린다. 남프랑스의 축제들은 2차 세계대전이 끝나고 잇따라 생겨났다. 1946년에는 칸 <u>세계 3대 영화제 중 하나인 칸 필름 페스티벌</u>에서, 1947년에는 아비뇽에서, 그리고 이듬해에는 엑상프로방스에서. 전쟁의 참상을 겪은 사람들이 춤과 노래, 영화와 연극으로 함께 마음을 나눈 것이다. 영국의 에든버러 페스티벌을 비롯해 현재 세계적으로 손꼽히는 축제는 이렇듯 세계대전이 끝나고 만들어진 것들이 꽤 있다. '예술이 영혼을 위로한다'는 명제를 증명이라도 하는 것처럼 말이다.

광장을 사이에 두고 노천카페에 앉아 있자니 수십 개의 참가팀이 맛보기 쇼를 선사한다. 광장에서는 몇 분 사이로 새 무대가 마련되고, 새로운 관객들이 모여들어 박수를 치며 환호한다. 거리 곳곳에서 서커스와 마임, 노래와 연주 등 다양한 퍼포먼스(요즘은 우리나라 팀도 어렵지 않게 만날 수 있다)를 볼 수 있는데, 연극 축제라는 타이틀에 맞게 거리를 누비는 참가자들의 의상과 분장은 상상을 초월할 정도로 기발하다. 한때 교황이 살았던 근엄한 장소에서 이렇게 유쾌한 축제가 열린다는 게 더욱 참신하다.

축제를 즐기러 떠나는 유럽

구도심 전체가 축제의 장이 되는 아비뇽

공연장에서는 무료에서 유료까지 다양한 콘셉트의 작품이 무대에 오르지만 우리는 극장에 들어가 따로 연극을 챙겨보지는 않기로 했다. 엑스에서도 플라타너스를 따라 도심 곳곳에서 거리공연이 펼쳐졌지만, 아비뇽의 퍼포먼스는 그보다 훨씬 장식적이고 물량에서도 우세하다. 1년 중 특정 시기마다 도심 전체가 축제의 장으로 바뀌는 이 모습이 한두 편의 공연보다 몇 배는 더 특별한 경험을 선사하는 것 같다(물론 P를 또다시 고문하고 싶지 않은 마음도 있었다). 그래, 오늘은 밤새 거리를 거닐며 세계에서 모여든 연극쟁이들의 기발한 모습과 열정을 마음껏 구경하자!

무초 천사를 다시 만나다

아비뇽에서 치러야 할 거사 중 하나는 라벤더 밭이 정원처럼 펼쳐진 세낭크 수도원에 가는 것이다. 아비뇽 일대는 아름답기로 유명해서 다양한 투어상품이 있는데, 인포메이션 센터와 호텔에 있는 상품을 다 뒤져도 세낭크 수도원이 빠져 있었다. 큰일이다. 못 보고 가면 내 성격에 다시 올 때까지 끙끙 앓을 텐데. 일단은 프랑스에서도 아름답기로 소문난 도시, 고르드가 포함된 미니밴 투어를 신청했다.

약속 장소에 갔더니 P와 나 외에도 세 명의 여인이 더 있다. 가이드는 잘생기고 유쾌한 할아버지였다. 나는 출발 준비를 하고 있는 가이드 할아버지에게 물었다.

"세낭크 수도원은 안 가는 거죠?"

“거기는 방향이 좀 달라서.”

“그래도 가면 안 될까요? 꼭 가고 싶은데…….”

“그렇게 되면 시간이 오래 걸리는데……, 어디에서 왔어?”

“한국이요.” 가이드 할아버지는 나를 보고 싱긋 웃더니 차에 타라고 했다. 할아버지는 자기소개를 한 다음 오늘 일정을 대략 설명했다. 그리고 양해 아닌 양해를 구했다.

“한국에서 온 이 아가씨가 우리 루트에 없는 세낭크 수도원에 꼭 가고 싶다는데, 그러면 돌아오는 시간이 조금 늦어집니다. 괜찮겠어요?”

“오케이, 노 프라블럼.”

할아버지는 백미러로 나를 보며 다시 싱긋 웃었다. 무초 천사가 틀림없다!

다섯 명의 여인을 실은 미니밴은 그림 속을 달리는 듯 아름다운 길을 질주한다. 프로방스에 내리쬐는 풍성한 태양빛은 대평원을 꽃과 열매들로 가득 메우는데, 한쪽에 보랏빛 라벤더 밭이 펼쳐지는가 하면 곧이어 샛노란 해바라기들이 천국의 문처럼 활짝활짝 열렸다. 그뿐인가, 줄줄이 늘어선 플라타너스와 체리나무, 올리브, 사과, 아몬드나무는 마치 천국으로 가는 계단처럼 펼쳐져 감탄사를 연발하게 했다. 여기는 정말 지상 낙원이 아닐까!

그렇게 한참을 달리자 낙원에 조성된 순백의 마을이 보인다. 바로 언덕 위에 조성된 고르드 Gordes. 꼭대기에 크림색 성채가 서 있고, 그 성채를 계단식으로 또 다른 아이보리색 집들이 둘러싸고 있다. 그 안에는 아틀리에와 레스토랑, 카페들이 즐비하다. 가이드 할아버지는 고르드를 한

눈에 볼 수 있는 곳이 있다며 언덕 건너편에 차를 세웠다. 파란 하늘, 쨍

쨍한 햇살, 언덕 위 크림색 마을. 저런 곳에 도시가 있다는 것도, 그 안에

축제를 즐기러 떠나는 유럽

사람들이 살고 있다는 것도 믿기지 않을 정도로 아름다운 풍경이다(고르
드는 신혼여행지로도 인기가 높다고 한다).

자, 이번에는 또 다른 색채의 향연. 라벤더로 둘러싸인 세낭크 수도원
이다. 이곳을 둘러싼 색감은 정말 뭐라고 표현해야 할까? 우아하면서도
건조하고, 도도하면서도 평화로운, 여태까지 본 적이 없는 색의 조화다.
보랏빛 물결 뒤에 보이는 잿빛 수도원은 세상을 등진 듯 무미건조한 표

정을 짓고 있었다. 사방에 이렇게 화려한 꽃들이 넘실대는데, 지중해의
풍성한 먹을거리가 쏟아지는데, 세계에서 찾아든 관광객들이 한껏 자유
로운 포즈로 사진을 찍고 있는데, 그 뒤에 자리 잡은 수도원은 엄격히 통
제된 생활 속에 '침묵, 단식, 노동'이라는 회칙을 지키며 오로지 신앙에

만 집중하고 있다. 이걸 멋지다고 해야 하나? 하긴 금세라도 누구를 홀릴 듯 매혹적인 색깔을 띤 라벤더가 '심신 안정'에 효과가 있다는 것도 아이러니하다.

나는 한때 유럽 수도원 생활에 관심이 많았다. 누구라도 세상을 등지고 단순하게 살고 싶을 때가 있지 않은가. 세낭크 수도원에 며칠 묵을 수도 있다는데, 다음에는 짧게라도 수도원 생활을 체험해봐야지!

가이드 할아버지는 열심히 이곳저곳에 데려가 설명도 해주고 사진도 찍어주셨다. 라벤더가 모기 물린 데에도 좋다며 친히 내 팔다리 곳곳에 라벤더를 발라주신다. P와 나는 무초 천사가 틀림없다며 싱긋 미소를 주고받았다. 그동안 일상에 쫓겼고, 훌훌 떠나온 여행마저 부지런히 달려왔지만, 언젠가 프로방스에 다시 온다면 샤갈처럼 피카소처럼 평화롭고 느긋하게 이 지상낙원을 즐겨봤으면 좋겠다.

"아무래도 신혼여행을 고르드로 와야겠어. 그런데 세낭크 수도원에서도 지내보고 싶은데 어떻게 하지?"

"그럼 세낭크 수도원에서 사흘 동안 라벤더 키우며 수도생활하다, 나머지 사흘은 고르드로 가서 뜨거운 밤을 보내!"

거참 좋은 방법이다. 역시 이럴 때 P의 머리는 잘 돌아간다.

엑상프로방스 페스티벌 Festival d'Aix : 클래식 중심의 종합예술 축제

홈페이지: www.festival-aix.com

개최 시기: 매해 7월 초부터 3주간

개최지: 프랑스 엑상프로방스

찾아가는 법: 니스에서 버스로 3시간 30분, 아비뇽에서는 버스로 1시간 30분

아비뇽 페스티벌 Festival d'Avignon : 연극제

홈페이지: www.festival-avignon.com

개최 시기: 매해 7월 초부터 3주간

개최지: 프랑스 아비뇽

찾아가는 법: 파리 리옹 역에서 TGV로 3시간

특징: 교황청 뜰을 중심으로 주요 공연(in)이 펼쳐지고, 오프 페스티벌(off festival)에서도
다양한 퍼포먼스를 즐길 수 있다.

Verona

고대 원형경기장에서
오페라를 보다

● 베로나 ●

베로나로 가는 기차 안이다. 오스트리아 인스부르크까지 올 때는 한산했는데, 이탈리아행으로 갈아탔더니 만원이다. 이럴 때는 일단 빈자리가 보이면 앉아야 한다. 이 자리도 예약석인지 창문에 이름이 적혀 있지만, 주인이 왔을 때 비켜주면 되니까. 꼬박 8시간 기차를 타야 하는 만큼 내게는 체면보다 두 다리의 휴식이 중요하다(긴 여행 중에 나는 좀 달라지기로 했다). 사실 유럽을 여행하는 사람들에게 이 정도 기차나 버스 여행은 일도 아니지만, 질 낮은 체력인 나에게는 커다란 도전이 아닐 수 없다.

발단은 베로나 오페라 페스티벌의 뉴스레터였다. 2013년 6월 1일 플라시도 도밍고와 호세 카레라스, 안드레아 보첼리의 합동 콘서트가 열린다는 것이다. 이 기사를 보고 며칠을 끙끙 앓았던가. 나는 꼭 1년 전에 베로나에 갔던 것이다. 물론 또 가면 되지만, 베로나가 옆 동네도 아니고, 가고 싶은 페스티벌은 너무 많고. 하지만 결국 8시간의 장도長途를 감행하고 있다. 도대체 공연이 뭐라고?

베로나의 고대 원형경기장 아레나

한편으로는 30대 중반에 이런 열정이 남아 있다는 것이 다행이지 싶다. 그렇지 않다면 내 삶은 얼마나 무료했을까? 그나저나 창밖을 보니 눈 덮인 티롤 산맥을 감싼 하늘이 잔뜩 흐려 있다. 요즘 중유럽은 이상 기후로 곳곳에 폭우가 쏟아지고 비바람이 몰아치고 있다. 이러다 공연이 취소되는 것은 아니겠지?

베로나? 고대 원형경기장에서 오페라 축제?

베로나는 이탈리아 북부, 밀라노와 베네치아의 중간에 자리하고 있다. 이탈리아를 처음 여행할 때는 그냥 지나쳤는데, 나중에 베로나의 존재를 알고 어찌나 안타까웠던지(하긴, 이런 안타까움이 모여 공연여행을 감행하게 됐지만).

베로나에는 서기 30년, 그러니까 2천 년 전에 지어진 로마시대의 원형극장 아레나가 있다. 아레나는 로마에 있는 콜로세움과 나폴리 근처 카푸아에 있는 경기장에 이어 유럽에서 세 번째로 큰 원형경기장이다. 바로 이곳에서 매해 6월 중순부터 9월 초까지 오페라 페스티벌이 열린다. 축제는 100년 전에 시작됐다. 1913년 8월 10일, 베로나 출신의 테너 조반니 제나텔로와 극장 기획자 오토네 로바토가 주세페 베르디 탄생 100주년을 기념해 야외 오페라를 공연한 것이 시초다 2013년에는 페스티벌 100주년을 맞아 쓰리 테너와 함께 오프닝 갈라 콘서트를 마련한 것이다. 당시 객석에는 푸치니와 마스카니도 있었다는데, 그들은 경기장에서 펼쳐지는 오페라를 감

구경거리가 많은
베로나 거리

오페라 페스티벌 기간에는
도심 곳곳에서 이색적인 퍼포먼스도
만날 수 있다

상하며 무슨 이야기를 나눴을까? 이 축제의 성공을 예견했을까? 그 뒤 야외 오페라 축제는 두 차례의 세계대전 기간을 제외하고 지금까지 이어지고 있다. 해마다 50만 명의 관객들이 찾아든다고 하니 제나텔로와 로바토는 역사에 남을 축제 기획자임에 틀림없다.

사실 고대 로마는 전쟁의 역사다. 로마는 영토를 넓히느라 심미적인 분야에 관심을 가질 여유가 없었다. 하지만 새롭게 확보한 제국을 효율적으로 통치하기 위해 건축과 토목, 법률 등 실용적인 분야는 크게 발전했다. 그 과정에서 신전과 극장, 콜로세움, 목욕탕 등이 건설됐다. 당시 로마를 구성하는 사람들은 대부분 빈민이었는데, 로마 제국은 이들의 불만을 해소하기 위해 거대한 원형경기장을 세워 그곳에서 검투사 경기를 보여주고, 대중목욕탕을 만들어 놀이와 연희를 즐기게 했다. 지금 이탈리아의 엄청난 관광자원이면서 세계적으로 가치 있는 문화유산은 이렇게 탄생했다. 그리고 2천 년이 지난 지금 우리는(앞서 푸치니와 마스카니도) 그 경기장에서 검투사 경기가 아니라 오페라를 즐기고 있다.

이탈리아 남자친구가 있어요

드디어 기차가 베로나 역Verona Porta Nuova에 도착했다. 역 광장에서 버스를 타고 10분 정도 가면 구도심으로 갈 수 있지만, 친구가 마중 나오기로 했다. 친구의 이름은 에네리코. 런던에 있을 때 성당에서 만난 베로나 출신 친구인데, 내가 오페라를 보러 베로나까지 갔다는 말에 많이 놀라워했다. 한국 사람들이 오페라를 그렇게 좋아하느냐며(하하). 그리고 내가 쓰리 테너를 보러 다시 베로나에 간다고 했더니, 선뜻 자기 집에서 지내라고 했다. 막역한 친구도 아니고, 여자도 아니고, 친언니 집에서도 자지 않는 평소의 나라면 정중하게 사양해야 했으나, 불현듯 에네리코가 보여주는 베로나가 궁금했다. 게다가 오페라는 밤 9시에 시작해 자정을 넘겨 끝나기 때문에 든든한 보디가드가 있으면 좋겠다는 생각도 들었다. 그래서 나는 또다시 '이것도 경험이야' 주문을 외며 에네리코의 제안을 덥석 받아들였다. 뭐 어떻게든 되겠지.

플랫폼을 빠져나오자 나만큼이나 애매한 표정을 짓고 서 있는 에네리코가 보였다. 보통 이탈리아 사람들은 남녀노소를 불문하고 무척 적극적이고 정열적이라는데, 에네리코는 내가 동양인이라서 그런지 런던에 있을 때도 볼에 입을 맞추거나 껴안는 서양식 인사는 하지 않았다. 그런데 오늘은 내가 먼저 허그를 유도했지 뭔가(아 몰라, 진짜 어색했다)!

에네리코가 가족들과 함께 지내고 있는 집은 60년쯤 된 아파트라는데, 막상 도착해서 보니 으리으리한 복층 아파트였다. 에네리코는 깨끗하게 정돈된 자기 방을 내주고 집 구석구석을 소개했다. 꽃 화분이 가득한 테라스에 나가니 부모님이 계셨다. 반갑게 맞아주셨지만 극진함이 지나치지 않아 오히려 편했다. 한국에서 준비해간 전통 문양이 들어간 휴대전화 줄과 자석, 그리고 빈에서 산 초콜릿과 차를 선물로 드렸더니 무척 좋아하셨다. 특히 우리의 전통 혼례복과 고궁이 새겨진 자석은 아주 마음에 들어하셨다. 에네리코는 저녁 공연까지 시간이 있으니 방에 가서 좀 쉬라고 했다. 자기는 건너편 동생 방에 있을 테니까 도움이 필요

베로나 고대 원형경기장 아레나

하면 언제든 얘기하라고. 어떻게 그리 하겠니, 낯선 집에서. 하지만 친언니 집도 불편해하는 나는 에네리코의 침대에서 한 시간을 곤히 잤지 뭔가. 이런 뻔뻔한 구석이 있었다니!

이탈리아 남자들의 구애를 한 몸에

티켓을 교환하기 위해 아레나에 갔다. 역시 스타가 서는 무대는 다른지 공연이 시작되려면 두 시간 이상 남았는데도 많은 사람들이 미리 와서 줄을 서고 있다. 출입구가 꽤 많은데도 그 출입구마다 선 줄이 끝이 보이지 않는다. 티켓은 20유로에서 200유로까지 좌석에 따라 가격 차이가 크다. 저렴한 좌석은 자유석이라서 조금이라도 좋은 자리를 차지하

아레나 입장을 기다리는 사람들

기 위해 먹을거리와 담요, 방석 등을 짊어지고 길게 줄지어 있는 것이다. 베로나는 원형경기장 특유의 울림 현상을 활용해서 공연을 진행하기 때문에 대부분은 마이크를 사용하지 않는다. 그래서 무대에서 너무 멀어지면 작품을 감상하기 힘들 수도 있다. 하지만 오페라 자체가 아니라, 고대 원형경기장에서 밤하늘을 조명 삼아 2만 명의 관객들과 함께 공연을 즐기는 신비로운 체험을 하기에는 꼭대기 쪽 좌석이 훨씬 매력적이다.

티켓을 찾아들고 브라 광장으로 갔더니 에네리코의 친구들이 하나둘 나타난다. 총 세 명, 모두 남자. 나를 만나겠다고 여기까지 와서 반갑게 맞아주니 몸 둘 바를 모르겠다. 아레나 주변에는 관광객들을 맞이하기 위한 음식점과 카페가 즐비하다. 우리도 가까운 레스토랑으로 자리를 옮겨, 각각 피자 한 판과 맥주를 주문했다(물론 피클 따위는 없고, 각자 한 판씩 말끔히 해치운다). 얼떨결에 이탈리아 남자 네 명에게 둘러싸인 나는 끊임없는 질문 공세를 받아야만 했다. 에네리코와 어떻게 아는 사이냐, 북한에 가본 적은 있느냐, 한국과 일본의 문화는 비슷하지 않느냐, 도대체 베로나는 어떻게 알고 왔느냐 등등. 몇 년 전 일본에 머물 때 부산에 가봤다는 알베르토는 특히 질문이 많았다.

"오페라를 보러 한국에서 베로나까지 왔다고?"

"응, 벌써 두 번째야."

"나도 아레나에서 오페라를 본 건 한 번뿐인데?"

다른 친구들도 사정은 마찬가지였다. 30대에 접어든 에네리코와 그의 친구들은 모두 베로나에서 태어나 인근 밀라노 등에서 대학을 다녔는데, 아레나에서 오페라를 본 경험은 어렸을 때 한두 번뿐이라고 했다. 생각해보니 에네리코의 집은 아레나에서 걸어서 10분 거리인데, 부모님과 동생들 누구도 오늘 공연에 관심이 없었다. 그러니 이 공연을 보겠다고 한국에서 날아온 내가 얼마나 신기하겠는가!

"오늘은 어떤 공연이야?" 역시 알베르토다.

"오페라 갈라 콘서트인데 쓰리 테너가 나와. 플라시도 도밍고와 호세 카레라스, 그리고 파바로티를 대신해 안드레아 보첼리가 공연할 거야."

"너 그 사람들 좋아해?"

"물론이지. 이 사람들 한국에서 공연하면 티켓 구하기가 얼마나 힘든데. 참, 나 뉴트롤스 New Trolls, 1960년대에 결성된 이탈리아의 프로그레시브 록 밴드. 록과 클래식을 접목한 아트록으로 세계적으로 큰 인기를 누렸다 음악도 무척 좋아해. 한국에 두 번 왔었는데 공연 때마다 갔는걸!"

"너 참 신기하다. 우린 K팝이 훨씬 좋던데."

우리는 한바탕 크게 웃었다. 나도 그들이 신기했다. 그토록 세계적인 뮤지션들에게 아무런 감흥이 없다니. 서울에 살면 오히려 한강 유람선을 타지 않는 것과 비슷한 현상일까?

공연 시간이 임박해오자 알베르토는 매혹적인 제안을 해왔다.

"네가 보첼리를 포기하면 펍에 가서 다른 멋진 공연을 보여줄게. 아마 우리랑 있는 게 훨씬 재밌을걸!"

그래, 그게 훨씬 재밌을 것 같긴 하다. 하지만 도밍고와 보첼리를 포기

아름답고 우아한 베로나 도심

할 수는 없었다. 그래서 나는 아레나로, 그들은 펍으로 각자의 길을 찾아
갔다.

2천 년 된 경기장에서 2만 명과 오페라를 보는 근사함

뒤늦게 입장 행렬에 동참한 나는 아레나 안으로 들어가는 데만 한 시
간이 걸렸다. 무대 앞쪽에는 VIP를 위한 객석이 있는데 영화제 시상식
에 온 것마냥 화려하게 차려입은 관객들이 보였다. 자유석을 예매한 데
다 늦게 입장한 나는 무대 왼편에 겨우 자리를 차지할 수 있었다. 하지
만 무대와 아레나를, 그 아레나를 가득 메운 관객들을 한눈에 바라보기
에는 명당이었다. 이야, 2만 명을 수용할 수 있는 아레나는 안전을 위해
1만 5천 명만 입장을 허용한다는데, 오늘은 아무래도 2만 명이 꽉 들어
차지 않았을까 싶다. 원형경기장을 가득 메운 관객들의 열기에 내 숨이
다 멎을 지경이다.

무대는 9시 30분이 돼서야 안드레아 보첼리의 감미로운 음색으로 막
을 열었다. 앞이 보이지 않는 보첼리에게도 2만 명의 들끓는 열기가 전
해졌는지 그의 음색에서도 긴장감이 여실히 느껴진다. 갈라 콘서트인
만큼 〈피가로의 결혼〉을 시작으로 〈카르멘〉, 〈아이다〉, 〈라 트라비아타〉,
〈리골레토〉, 〈나비부인〉, 〈투란도트〉 등의 유명한 아리아들이 줄줄이 나
온다. 주요 장면마다 다양한 무대장치와 각양각색의 옷을 입고 쏟아져
나오는 배우들을 보느라 정신이 없는데, 심지어 관객들은 그 어렵다는

오페라 아리아를 따라 불러 나를 어리둥
절하게 한다. 이것은 아리아 떼창인가?
　어둠이 짙어지자 화려한 조명까지 더해지
면서 아레나의 매력은 극에 달한다. 상상해보
라. 새카만 밤하늘이 고스란히 올려다 보
이는 2천 년 전에 지어진 원형경기
장에서 2만 명의 관객들과 함께
오페라를 감상하는 진귀한 모습

플라시도 도밍고, 안드레아 보첼리와 함께한 베로나 오페라 축제

을! 그곳에서 울려 퍼지는 도밍고와 보첼리의 음성을! 두 사람이 함께 무대에 서자 여기저기에서 환호성이 쏟아진다. 보첼리는 이미 환갑을 바라보는 나이지만 그의 음색에서는 청년의 맑음이, 도밍고의 음색에서는 중년의 깊이가 느껴진다. 세상에, 내가 지금 두 사람의 노래를 한 무대에서 들으며 분석을 하고 있단 말인가? 온몸에 소름이 돋을 것 같다. 기차 여덟 시간쯤은 두 번도 탈 수 있고말고.

오늘 공연은 이탈리아 TV로도 방영되는지 녹화까지 진행돼 더 화려했다. 아레나 공연은 무대 전환 때 중간 중간 공백이 생기는데, 경기장의 타고난 음향 덕에 객석에서 툭툭 건네는 말이 그대로 들린다. 그래서 사회자와 관객이 즉석에서 대화를 나눈다. 말을 알아들을 수는 없지만 이 상황이 무척 재밌다. 그런가 하면 한 관객이 누가 시키지도 않았는데 자리에서 일어나 아리아 한 곡조를 뽑는데, 이게 또 제법 들을 만해서 사람들이 웃음과 함께 큰 박수를 보냈다. 오페라 장면에 맞춰 관객들 모두 나눠준 초록색 카드를 펼치기도 하고 흰색 수건을 흔들기도 하는 등, 이건 고상한 오페라 공연장이 아니라 인기 대중가수의 콘서트 장 같다.

페스티벌 기간에는 여덟 편 정도의 오페라 오페라의 나라인 만큼 대부분 이탈리아 작곡가의 작품을 선보인다. 베르디의 〈아이다〉, 〈리골레토〉, 〈라 트라비아타〉, 〈나부코〉, 푸치니의 〈투란도트〉, 〈라보엠〉, 비제의 〈카르멘〉, 샤를 구노의 〈로미오와 줄리엣〉 등이 주요 레퍼토리다 가 날마다 번갈아 무대에 오르기 때문에 무대 연출이 기막히게 현란하지는 않다. 하지만 그 어떤 무대장치가 필요하겠는가? 아레나만으로, 그리고 그 안에서 2만 명이 함께 오페라를 즐기는 것만으로도 베로나 오페라 축제는 깊게 각인될 것이다.

축제를 즐기러 떠나는 유럽

공연은 자정이 지나서야 끝났다. 친구들과 펍에 있던 에네리코가 나를 데리러 왔다.

"재밌었어?"

"응. 호세 카레라스가 오지 않아서 아쉬웠지만, 도밍고와 보첼리를 한 무대에서 만날 수 있어서 정말 행복했어. 잊지 못할 것 같아."

"요즘 날씨가 워낙 변덕스러워서 비가 오면 어쩌나 걱정했는데 다행이다."

"작년에 〈로미오와 줄리엣〉을 볼 때는 중간에 장대비가 쏟아져서 공연이 중단됐어."

일단 오페라가 시작하면 중간에 비가 와서 공연이 취소돼도 환불이 되지 않는다. 이 때문에 관객들도 무작정 기다린다. 대부분 비를 피할 수 있는 외벽 쪽 통로로 몰려가 30분쯤은 가뿐하게 이야기꽃을 피운다. 정말이지 그때 그곳에서 애를 태운 사람은 나뿐이었다. 기를 쓰고 일주일 휴가를 모아온 나와 달리 이들은 한 달 동안 쉴 수 있어서 이렇게 여유로운가?

"정말 휴가가 일주일이야?"

"응, 법적으로는 한 달 가깝지만, 실제로 그렇게 쉴 수 있는 사람은 극히 드물어."

"와, 상상이 안 되는데."

"우리는 너무 열심히 일하지. 너네처럼 땅만 파면 유물이 쏟아지는 것도 아니고, 믿을 거라곤 몸과 머리밖에 없거든."

"하긴 우리는 좀 게으른 편이지. 두 나라를 섞으면 좋겠다. 한국인들은 좀 여유롭게, 이탈리아 사람들은 좀 부지런히."

정말 그랬으면 좋겠다. 문득 우리와 그들이 갖고 있는 것이 참 다르다는 생각이 들었다. 우리는 과거의 모습을 고스란히 간직하고 있는 유럽을 동경하지만, 그들은 빠르게 움직이는 한국에 관심이 많다. 서로에게 결핍된 것을 찾아 미친 듯이 빠져드는 사랑처럼. 그래서 감동을 받는 부분도 다른 것인가? 에네리코가 한국에 온다면 무엇을 보여줘야 할까? 오페라의 여흥과 이런저런 생각을 하다가 나는 또다시 에네리코의 방에서 깊은 잠에 빠져들었다.

참, 프랑스 작곡가 샤를 구노가 만든 오페라 〈로미오와 줄리엣〉1867년 파리의 테아트르 릴리크에서 초연됐다. 국내에서는 자주 접하기 힘들지만 프랑스에서는 오페라 공연

베로나에 있는 줄리엣의 집

을 왜 베로나에서 공연할까? 영화 〈레터스 투 줄리엣 letters to Juliet〉을 봤다면 알겠지만, 베로나는 셰익스피어가 쓴 《로미오와 줄리엣》의 배경 도시다.

아레나에서 조금 걸어가면 '줄리엣의 집'이 있다. 세계에서 찾아든 로맨티스트들이 영원한 사랑을 희망하며 채워둔 수천 개의 자물쇠, 로미오가 줄리엣에게 사랑을 속삭이던 발코니, 그리고 아리따운 줄리엣의 동상도 있다. 특히 줄리엣의 오른쪽 가슴을 만지면 사랑이 이루어진다고 해서 그 주변에는 언제든 '변태'로 돌변할 준비가 돼 있는 여행객들이 줄을 서 있다. 어쩌면 사랑의 유한함을 알기에 저렇게들 냉목적으로 줄리엣의 가슴을 탐하는 것이 아닐까? 가장 사랑이 무르익었을 때 죽음으로 봉인한 두 연인을 한없이 부러워하면서 말이다.

줄리엣 동상

유한한 사랑을 자물쇠로 묶어두고 싶은 걸까

한국에 꼭 놀러와

내 캐리어를 들고 플랫폼까지 달린 에네리코가 가쁘게 숨을 몰아쉰다.

"너 운동 좀 해야겠다."

"응, 그런데 하정은 몇 살이야?"

"숙녀 나이를 물어보는 게 아니지." 나도 모르게 주먹을 치켜들었다.

"하하, 한국 여자들은 다 이렇게 공격적이야?"

우리는 또 한바탕 크게 웃었다.

"정말 고마웠어. 한국에 꼭 와."

"응. 내가 아시아를 여행하게 된다면 첫 번째로 한국에 갈게."

그래, 누나가 그때 걸그룹 콘서트에 꼭 데려가주마. 나는 베르가모 공

평화로운 베로나

항으로 가기 위해 기차에 올랐고, 우리는 런던에 이어 또다시 긴 이별을 고했다.

아디제 강이 유유히 흐르는 에네리코의 고향 베로나는 작지만 며칠을 묵어도 좋을 평화로운 곳이다. 도시 구석구석에 있는 아름다운 성당과 박물관, 활기가 넘치는 노천카페와 레스토랑, 자꾸만 발목을 잡는 쇼핑숍이 넘쳐나고, 맛좋은 커피와 젤라토는 아무리 먹어도 물리지 않는다. 아레나에서 옆에 앉았던 중년 여인은 폴란드에서 왔는데, 어릴 적에는 부모님과 함께, 이번에는 딸들과 함께 베로나 축제에 왔다고 했다. 근사하지 않은가? 오페라를 좋아하지 않거나 혹은 잘 몰라도, 베로나에서 즐기는 축제는 오랫동안 마음을 출렁이게 만드는 멋진 기억으로 남을 것이다. 나는 딸이 없으니, 다음에는 조카들한테 같이 가자고 졸라봐야겠다.

참, 아레나에서는 핑크플로이드, 스팅, 듀란듀란, 라디오헤드, 뮤즈, 원디렉션 등 록이나 팝 뮤지션의 콘서트도 열린다. 에네리코도 며칠 뒤 아레나에서 열리는 폴 메카트니 공연에는 간다고 했다. 오페라 페스티벌 때 가기 힘들다면 다른 공연 일정을 확인해보는 것도 좋겠다.

아레나 디 베로나 오페라 페스티벌 Arena di Verona Opera Festival
홈페이지: www.arena.it/en
개최 시기: 매해 6월 중순부터 9월 초
개최지: 이탈리아 베로나
찾아가는 법: 베로나 국제공항, 밀라노 또는 베네치아에서 기차로 1시간 30분 정도
특징: 여덟 편 정도의 오페라를 날마다 번갈아 공연한다.

Montreux:

Luzern

지친 심신을
쉬게 하다

● **몽트뢰에서 루체른** ●

유럽에서 '자연'을 얘기할 때 가장 먼저 떠오르는 곳은 어딜까? 여름에도 하얗게 눈 덮인 알프스 산맥, 물감을 풀어놓은 듯 말간 호수, 젖소들과 함께 한 폭의 그림을 완성하는 끝없는 들판, 그 안에서 금방이라도 하이디가 튀어나올 것 같은 목가적인 집들. 바로 스위스다. 자연을 담뿍 머금은 스위스에는 정수기 필터를 갈듯 도시생활에 지친 이들이 몸과 마음을 정화하고자 끊임없이 찾아드는 것 같다. 사실 스위스는 정치적, 문화적으로도 완충 역할을 해왔다. 지도에서 스위스를 찾아보면 무척

축제를 즐기러 떠나는 유럽

경이로운 위치다. 서쪽으로는 프랑스, 북쪽으로 독일, 동쪽으로 오스트리아, 남쪽으로는 이탈리아와 국경을 맞대고 있다. 그러니 과거에 이 강대국들 사이에서 얼마나 힘들었을까? 스위스가 살 길은 중립을 유지하는 것이었고 다민족과 다문화를 끌어안는 것이었다. 덕분에 스위스 국경지대에서는 인근 나라의 문화와 종교, 언어가 공존한다. 우리나라 면적의 절반에도 못 미치는 이 작은 나라에서는 마치 사투리처럼 지역에 따라 독일어와 프랑스어, 이탈리아어가 각각 사용되고 있는 것이다. 그어떤 대립에서 벗어날 수 있는 곳. 그래서 절벽으로 몰린 수많은 사람들이 스위스를 찾았던 것일까?

재즈 페스티벌이 있는 몽트뢰

물론 내가 스위스에 관심을 갖게 된 데는 또 다른 이유가 있다. 알프스 산맥, 빙하가 녹아 조성된 호수, 그 그림 같은 자연 속에서 여름이면 근사한 음악축제가 열리기 때문이다. 그래서 스위스로 달려갈 나만의 여행 루트를 만들었다. 이름 하여 알프스 따라 공연여행! 스위스

골든 패스 라인에 자리 잡은 호숫가 마을

몽트뢰 재즈 페스티벌

의 남서쪽 끝인 제네바에서 시작해, 스위스 안에서도 가장 아름다운 풍
경을 자랑한다는 골든 패스 라인Golden Pass Line을 따라 루체른까지 이동
한 뒤, 오스트리아 인스부르크까지 달려보련다.

세계의 유명한 관광지는 대부분 '물'을 끼고 있다. 작은 호수든, 도시
를 관통하는 강이든, 넓디넓은 바다든. 1초도 멈추지 않고 흐르는 물에
어떤 마력이 있기에 사람들은 자꾸만 물가로 찾아드는 것일까? 레만 호
수를 끼고 있는 스위스의 작은 도시 몽트뢰에서도 여름마다 뜨거운 음

악축제가 열린다. 바로 몽트뢰 재즈 페스티벌<u>Montreux Jazz Festival</u>. 이 페스티벌은 지난 1967년 한 열성적인 재즈 팬에 의해 시작됐다. 당시 몽트뢰 관광청에서 일하던 클로드 놉스가 제안한 것인데, 첫해에 단 사흘 일정으로 시작됐던 페스티벌이 지금껏 이어지며 세계의 뮤지션들을 레만 호숫가로 불러들이고 있다. 대개 6월 말부터 7월 중순까지 진행되는 축제에는 록, 소울, 펑크, 레게, 댄스, R&B 등 다양한 장르의 뮤지션들이 참여한다. 2012년 주요 라인업은 바비 맥퍼린, 팻 매스니, 토니 베넷, 세르지오 멘데스 등 유명 재즈 뮤지션은 물론 밥 딜런, 밴 모리슨, 앨라니스 모리셋, 제시 제이 등 인기 팝 스타들도 총동원됐다. 내로라하는 뮤지션들의 공연은 오디토리움 스트라빈스키와 마일스 데이비스 홀에서 유료로 진행되는데, 마일스 데이비스, 레이 찰스, 데이빗 보위, 프린스, 필 콜린스, 밥 딜런, 스팅 등이 이들 무대를 거치며 탄탄한 명성을 다져온 것이다.

하지만 몽트뢰 재즈 페스티벌의 매력은 유명 뮤지션을 만나는 것에 머무르지 않는다. 몽트뢰 기차역에 도착하자 바로 감지되는 열기. 그 뜨거운 바람은 도시 전체가 10센티미터는 붕 떠 있는 것 같은 환각 속에 이곳이 축제의 현장임을 알려온다. 호수를 따라 늘어선 부스에는 여행객들이 마치 제집에서 가져오기라도 한 것처럼 세계의 음식과 기념품들이 칸칸이 들어차 있고, 호수를 배경으로 서 있는 카페와 레스토랑에서도 라이브 연주와 노래가 끊이지 않는다. 본 공연 외 오프 페스티벌<u>off festival</u> 개념의 수많은 라이브 공연이 호수를 무대로 펼쳐지고, 거리공연이 있는 곳이면 어김없이 겹겹의 줄로 사람들이 모여 있다. 도시 전체가

축제를 즐기러 떠나는 유럽

축제의 도시 몽트뢰

살짝 정신줄을 놓으면 아무하고나
사랑에 빠져버릴 것 같은 분위기다

음악으로 둘러싸인 몽트뢰. 곳곳에서 들려오는 음악소리에 화려한 조명, 레만 호수의 황홀한 야경까지. 살짝 정신줄을 놓으면 아무하고나 사랑에 빠져버릴 것 같은 분위기다.

레만 호의 눈부신 낭만

호수라고는 하지만 레만 호는 그 면적이 5백여 제곱킬로미터에 달한다. 호수를 따라 몽트뢰는 물론 제네바, 로잔, 브베 등 수많은 도시와 마을이 자리하고 있다. 그리고 이들 도시는 모두 절경을 자랑하는 고급 휴양지다. 골목의 끝을 내다보면 신기하게도 옥빛 호수가 출렁이고 있고, 그 호수 안쪽에는 아기자기한 집들이, 조금 더 시선을 올려보면 하얀 눈을 덮은 알프스 산이 자리하고 있다. 이 황홀한 그림 때문인지 수많은 예술가들이 레만 호숫가에 머물며 유명한 작품들을 쏟아냈다. 몽트뢰에 도착하면 누구나 그룹 퀸Queen의 리더였던 프레디 머큐리의 동상을 찾을 것이다. 말년을 몽트뢰에서 보낸 그는 '마음의 평화를 얻으려면 몽트뢰로 가라'고 말했다. 또 그룹 딥 퍼플Deep Purple은 몽트뢰에 음반작업을 하러 왔다 마을 한가운데 자리한 카지노 화재사건에서 영감을 얻어 그 유명한 '스모크 온 더 워터Smoke on the Water'를 만들었다. 레만 호를 거닐다 보면 음악가 외에도 루소, 바이런, 헤밍웨이, 찰리 채플린, 오드리 헵번 등의 흔적을 찾을 수 있다.

기차를 타고 레만 호숫가를 달리는 건 낭만적이라는 표현으로는 한참 부족한 것 같다. 나는 제네바 공항을 통해 입국한 뒤, 다시 기차로 1시간 30분을 달려 몽트뢰에 도착했다. 축제 기간 몽트뢰에서 숙소를 구하기는 쉽지 않아서 로잔에 숙소를 잡고 몽트뢰에 오가는 방법을 택했다. 기차로 10~20분 거리인 몽트뢰에서 로잔, 로잔에서 브베 등은 하루에도 몇 번씩 이동하게 되는데, 알프스를 병풍 삼아 호숫가를 달리는 기차 덕분에 몸과 마음이 한껏 싱그러워진다. 마치 청정지역을 달리며 나도 함께 정화되는 기분이랄까? 일원에는 대단위 포도 재배지역 라보 Lavour 도

천국의 빛깔이 이런 걸까? 유네스코 문화유산이 된 포도밭 라보

환상적인 색과 향을 뿜내며 펼쳐져 있다. 이 지역에서는 이미 11세기부터 수도사들이 포도를 재배했는데, 지금도 호수를 따라 언덕 위 40킬로미터 구간에 포도밭이 펼쳐져 있고 사이사이 모두 14개의 마을이 조성돼 있다. 7월 중순이라 넓디넓은 포도밭은 연둣빛 물결이 넘실댄다. 눈부신 파란 하늘 아래서 포도밭을 거닐고 있자니 어찌나 풍요롭고 평화로운지, 딱 스위스 농부의 아낙이 되고 싶다. 오죽하면 포도밭이 유네스코 문화유산이겠는가. 꼬마열차를 타면 언덕을 따라 포도밭을 구경할 수 있는데, 상당히 고도가 높아지자 연둣빛 포도밭 너머로 파란 호수가 눈에 들어온다. 이야, 천국이 연상되는 색깔은 다 펼쳐져 있다. 그토록

축제를 즐기러 떠나는 유럽

많은 예술가들이 왜 이곳에서 마음을 쉬려 했는지, 그래 알 것 같다.

몽트뢰에서는 시옹 성도 쉽게 찾아갈 수 있다. 루소, 빅토르 위고, 뒤마 등 유명 시인과 작가들이 작품에 언급하면서 알려지기 시작한 시옹 성은 9세기에 지어졌지만 지금도 원형이 잘 보존돼 중세 미학을 고스란히 보여주는 건축물로 유명하다. 특히 호수 속 암석 위에 지어진 시옹 성은 하늘과 알프스, 호수 사이에서 고고한 자태를 뽐내고 있는데 이게 또 절경이다. 그래서인지 시옹 성을 보고 난 뒤에는 유럽의 웬만한 고성에 감동하지 않게 됐다. 페스티벌 기간에는 몽트뢰에서 루체른으로 출발하는 골든 패스 파노라마 열차와 레만 호를 달리는 유람선에서도 재즈 향연을 즐길 수 있다.

여름 음악축제가 있는 루체른

며칠 동안 레만 호의 낭만에 푹 빠져 있던 나는 기차와 유람선을 번갈아 타고 인터라켄을 거쳐 루체른에 왔다. 기차는 골든 패스 라인이라는 이름에 걸맞게 하늘에 닿을 듯 산속을 누비며 때로는 드넓은 들판을, 때로는 그림 같은 호수를, 때로는 앙증맞은 마을을 드리우며 승객들의 환호를 유도한다. 이 기차 안에서만큼은 잠을 자는 사람이 없다. 모두들 차창으로 드리우는 풍경에 따라 왼쪽으로 오른쪽으로 옮겨가며 사진을 찍느라 바쁘고, 산중 간이역이라도 나올 때면 호숫가에 옹기종기 모여 있

는 마을에서 하룻밤을 보내고 싶은 마음에 무작정 내리고 싶은 충동을
참는 모습이 역력하다. 유람선에서 바라본 산자락의 집들은 무척이나
비현실적이다. 목조 건물에는 오색 꽃들이 장식돼 있고, 호숫가에는 작
고 하얀 보트들이 자가용처럼 대기 중이다. 사람이 살고는 있겠지?

축제를 즐기러 떠나는 유럽

기차를 타고 루체른에 도착하니 오랜만에 도시다운 도시에 온 기분이
다. 그리고 지난 며칠 동안 머물렀던 스위스의 다른 지방과 달리 덥다.
무더위에 긴 소매 옷을 하나둘 벗는 사이, 그제야 루체른의 모습이 선명
하게 들어온다. 중앙역 앞에 펼쳐진 아름다운 호수와 그 너머로 이어지

몽트뢰에서 루체른

는 알프스, 그 사이에 그림처럼 자리 잡은 고딕 양식의 건축물들, 그리고 유럽에서 가장 오래됐다는 목조 다리 카펠교. 중앙역을 등지고 섰을 때 오른쪽이 피어발트슈테터 호수로 불리는 루체른 호수, 왼쪽은 로이스 강인데, 로이스 강에 루체른의 랜드 마크 카펠교 1300년대에 지어진 카펠교는 지붕이 있고 안쪽에는 삼각형 모양의 그림들이 있는데, 다리 양옆의 난간에는 항상 오색찬란한 아름다운 꽃들이 장식돼 있다 가 자리하고 있다.

루체른의 동화 같은 모습에 사로잡혀 한참 넋을 놓고 있다 역 쪽을

오색 꽃으로 장식된 목조 다리 카펠교

축제를 즐기러 떠나는 유럽

돌아보니 거대한 초현대식 건물이 눈에 들어온다. 바로 이 도시의 모든 문화행사를 관장하는 루체른 문화컨벤션센터. 'Culture and Congress Centre in Lucerne'의 독일어 표기 첫 글자를 따서 흔히 'KKL Kultur und Kongresszentrum Luzern'이라고 부른다. 그러고 보니,

몽트뢰에서는 사람들이 프랑스어를 사용했는데 루체른에서는 독일어를 사용한다. 기차로 고작 몇 시간을 달려왔을 뿐

루체른의 모든 문화예술 행사를 관장하는 KKL

인데, 문화적인 충격이다. 한 나라에서 서로 다른 언어를 사용하다니(TV 방송도 지역별로 언어가 다르다). 루체른 시는 기존의 예술컨벤션센터가 노후하자 1995년에 센터를 철거하고 KKL을 짓기 시작했다. 초창기에만 해도 호숫가의 아름다운 경관을 해친다는 이유로 반대가 심했다고 한다. 중세 도시 루체른과는 확실히 동떨어지는 외관이다. 하지만 KKL 안으로 들어서면 그 웅장함과 1년 내 품고 있는 다채로운 프로그램에 입이 떡 벌어진다. 음향시설 좋기로 소문난 콘서트홀을 비롯해 루체른홀, 컨벤션센터, 그리고 미술관까지. 이제 KKL은 루체른 시민은 물론 세계의 여행객들과 호흡하는 루체른의 빼놓을 수 없는 아이콘이다(KKL 옥상에서 바라보는 루체른의 올드타운은 더욱 아름답다. 공연장이나 미술관에 들어가기 전에 한 번 올라가보자).

유럽 대륙에 속해 있지만 국경을 맞대고 있는 독일, 오스트리아, 이탈리아, 프랑스에 비해 상대적으로 문화 유산이 적은 스위스는 이들의 문화를 적극 수용하는 것은 물론 세계적인 수준의 문화 콘텐츠를 집약하는 데 주력했다. 루체른만 봐도 다양한 문화예술 축제가 열리는데, 8월 중순부터 한 달 동안은 루체른 여름 축제Lucerne Festival In Summer를 열어 세계 유수의 오케스트라를 초청한다. 독일 출신 작곡가 바그너는 한때 루체른 인근 트리프셴에서 생활했는데, 1938년 8월 25일 이탈리아의 지휘자 토스카니니가 바그너의 거주지 정원에서 유명한 음악가들을 모아 연주를 지휘한 것이 이 페스티벌의 시초라고 한다. 지난 2003년부터는 루체른 페스티벌 오케스트라가 결성돼 해마다 축제의 문을 열고 있고, 세계적인 지휘자와 오케스트라, 솔리스트들이 한자리에 모여 명실공히 세계적인 음악축제로 거듭나고 있다. 축제 기간 공연장 안팎에서는 다양한 무료 공연도 펼쳐지는데, 바그너를 좋아한다면 그를 기리는 특별 음악회나 그의 발길을 되짚어보는 시티투어에도 참여할 수 있다.

유스호스텔에서 육신의 자유를 갈망하다

스위스는 유럽에서도 물가가 비싼 편인데, 스위스 여행 때 경비를 줄일 수 있는 부분은 숙소인 것 같다. 유스호스텔이 독일에서 시작돼 그런지 독일어 사용권 국가들은 시설도 좋고 아침식사도 좋은 편이다. 물론 이름처럼 어린 친구들만 이용하는 것도 아니고, 사교적인 성격이라면 세계에서 모여든 여행객들과 이야기를 나눌 수도 있다. 저렴한 호텔보다는 위치나 시설, 또 정보를 얻는 데도 여러모로 편리하다.

나도 스위스에서는 도시마다 유스호스텔을 이용했는데, 루체른에서는 뜻밖의 고생을 좀 했다. 루체른의 유스호스텔은 오래된 편이지만 축제 기간에는 일찌감치 방이 빠진다. 그래서인지 혼성 4인실만 남아 있었다. 유럽에서는 커플이나 가족끼리 여행하는 경우가 많아 남녀가 함께 쓰는 방도 있다. 몇 년 전 잘츠부르크에서 경험이 있어 이번에도 크게 걱정하지 않고 혼성 4인실을 예약했는데, 이게 웬일인가? 낮에 짐을 풀 때만 해도 멀쩡했던 방에서, 아니 정확하게 말하면 코를 골며 자고 있는 한

남자에게서 엄청난 냄새가 났다. 그 방에서 그냥 자다가는 두통으로 사
망하겠고, 알프스 산자락에서 창문을 열고 자자니 얼어 죽겠고. 이래도
죽고 저래도 죽을 거, 짐을 챙겨 들고 방을 나왔다. 다행히 예약을 취소
한 사람이 있어서 방을 옮길 수 있었지만, 이미 생겨버린 혼성 4인실에
대한 몹쓸 트라우마는 어쩌란 말이냐.

　방은 옮겼으나, 나의 시련은 끝나지 않았다. 이곳의 샤워실은 공동 세
면장 구석에 한 칸이 있는 구조였는데, 씻는 데 좀 오래 걸리는 나는 일
부러 사람들이 다 빠져나간 늦은 시각에 씻으러 갔다. 그런데 한참 비누
칠을 하고 있는데 전등이 꺼져버린 것이다. 한밤의 알프스 산속마냥 완
벽한 어둠이다. 상황을 파악하느라 따뜻한 물에 나태해진 뇌세포를 다
시 급가동한다. 그래, 어딘가에 센서가 있을 텐데. 나는 어둠 속에 미끄
러지지 않기 위해 벽을 붙잡고 여기저기 발을 옮겨보았다. 그런데도 전
등은 켜지지 않는다. 센서가 인식하지 못할 정도로 깃털처럼 가벼운 몸
은 아닌데.
　어쨌든 첫 번째 방법은 실패. 다음 단계는, '헬프 미!'를 외쳤다. 생각
해보라, 온몸에 거품을 묻힌 채 구석의 샤워실에서 홀로 도와달라 소리
지르는 모습을. 하지만 아무리 외쳐도 아무도 오지 않는다. 그렇다면 마
지막 방법. 더듬더듬 수건을 찾아 들고 샤워실 문을 빠꼼히 열어본다. 이
런, 바깥 복도로 향하는 공동 세면장의 문이 활짝 열려 있다. 이렇게 나
갔다 복도를 지나치는 사람들이 보면 큰일인데. 하지만 그 문 옆에 전등
을 켜는 스위치가 보인다. 보아하니 샤워실에는 따로 전등이 없고 공동

세면장에서 흘러 들어오는 빛에 의존하는데 세면장에 사람이 없어서 전
등이 꺼진 모양이다. 그리고 내게는 선택의 여지가 없는 것 같다. 나는
심호흡을 하고 종종걸음으로 달려가 세면장 문 옆에 달린 스위치를 켜
고 다시 논스톱으로 샤워실로 달려왔다. 누가 봤어도, 어쩔 수 없다. 그
리고 또 언제 전등이 꺼질지 모른다는 불안감에 서둘러 샤워를 마치고
방으로 돌아왔다.

방에는 내 사정을 모르는 미국에서 온 여대생들이 재잘거리고 있고,
어디선가 나보다 더 늦게 샤워를 마치고 당당히 목욕 타월만 걸치고 방
에 들어선 여인은 그대로 홀라당 벗고 침대로 들어간다. 그 모습을 보
고 있자니 샤워실에서 전전긍긍했던 내 모습이 꽤 우습다. 볼 건 쟤가 훨
씬 풍성한데 난 뭘 그토록 가려야만 하는지. 가끔 서양 사람들을 보면 그
들에게 육체는 이 세상을 살아가기 위해 잠깐 빌린 옷 같다는 생각이 든
다. 실컷 먹고 실컷 햇볕에 그을리고 실컷 사랑하고(아까 그 녀석처럼 잘
안 씻기도 하고). 어쨌든 가끔은 부러울 정도로 자유로워 보이는 건 사실
이다.

알프스에서 자유인을 꿈꾸다

전날 뜻하지 않게 육신의 자유를 갈망하게 됐던 나는 훌훌 벗어던지
고 자연인이 되고자 알프스 산행에 나섰다. 스위스 여행 때 비용을 절약

할 수 있는 또 다른 방법은 스위스 패스를 적절하게 사용하는 건데, 보통 스위스에서 나흘 이상 머물며 도시를 이동할 생각이라면 모든 교통편을 자유롭게 이용할 수 있는 스위스 패스를 구입하는 게 경제적이고 편리하다. 교통편 외에도 미술관이나 유람선, 몇몇 알프스 산을 오르는 데도 이용할 수 있다. 하지만 스위스 패스 자체가 워낙 비싸기 때문에 일주일 여행이라고 무조건 7일권을 구입할 게 아니라, 기차를 타고 장거리를 이동하거나 유람선, 박물관 등을 이용하는 경우를 따져서 필요한 날만큼만(4일권, 5일권 등) 예매하는 게 좋다. 나는 루체른에서 스위스 패스를 꽤 유용하게 써먹는다. KLL 내 미술관과 도심의 주요 미술관, 박물관은 물론이고 리기 산 등반에도 이용할 수 있으니까.

해발 1800미터의 리기 산은 피어발트슈테터 호수를 사이에 두고 루체른과 마주하고 있다. 정상에 오르면 취리히를 비롯해 티틀리스와 필라투스 등 만년설이 뒤덮인 알프스의 봉우리들을 볼 수 있다. 스위스의 동쪽에 자리해서 해돋이로도 유명한데, 정상까지 오르는 등산철도는 1871년 유럽에서 최초로 설치됐고 아름다운 전망 때문에 이후 로프웨이가 설치되

축제를 즐기러 떠나는 유럽

한여름 스위스에서 만나는 만년설

어 여행객들이 더욱 쉽게 정상에 오를 수 있게 됐다. 리기 산에서 바라보
는 대자연에서는 어떤 숙연함이 전해진다. 만년설을 뒤덮은 알프스 산
맥, 곳곳에 요정의 우물처럼 드리워진 맑은 호수, 그리고 그 앞에서 덩달

어느덧 익숙해진 중세 도시 루체른

아 해맑아지는 사람들. 대자연의 위엄 앞에서 아등바등 살아가는 우리네 모습은 언제나 부질없게 느껴진다. 정말이지 몸에 붙어 있는 모든 것을 벗어던지고, 마음 안에 들어찬 많은 상념들을 떼어내고 이 풍경 속을 훨훨 날고 싶다. 일찍이 괴테와 멘델스존, 빅토르 위고 등도 이곳에서 스위스의 아름다움에 반했다고 하는데, 정말이지 한참을 넋 놓고 앉아 있게 된다. 아마도 그사이 내 지친 영혼은 복잡한 세상사를 단순화하는 작업에 들어간 것 같다.

축제를 즐기러 떠나는 유럽

산악열차를 타고 너무 쉽게 알프스를 체험한 나는 다시 유람선을 타고 루체른으로 돌아가고 있다(유람선은 인근 마을에도 정차하는데, 예쁘게 단장한 정원이며 집 앞에 놓인 그네와 벤치, 그 옆을 서성이는 인형들까지, 미소를 짓지 않고는 한 발짝도 뗄 수 없는 동화 같은 곳들이다). 루체른 호수에 들어서자 멀리 KKL이 보인다. 처음에는 그렇게 생뚱맞아 보이던 건물이 이제 전혀 낯설지 않다. 어느덧 루체른에 익숙해진 걸까? 하지만 내일이면 루체른을 떠나 오스트리아로 가야 한다. 유람선에서 내리면 호수 근처에 들어찬 색색의 노천카페에서 커피를 마시고 카펠교 근처에 앉아 나른한 오후를 보내야지. 아마 오늘도 한쪽에서는 플라잉 낚시를 즐기는 사람이 있는가 하면, 한쪽에서는 백조들이 무심히 찾아와 과자를 받아먹고 가겠지? 그사이에도 카펠교 위로 수많은 사람들이 지나갈 테고. 한가로운 풍경에 시간이 멎었나 싶다가도 달빛에 모습을 바꾼 강 위의 카펠교를 보면 무수한 시간이 흘러가고 있음을 알 수 있다. 내가 어느덧 서른다섯이 된 것처럼.

몽트뢰 재즈 페스티벌 Montreux Jazz Festival
홈페이지: www.montreuxjazzfestival.com
개최 시기: 매해 6월 말부터 7월 중순 사이 2주 정도
개최지: 스위스 몽트뢰
찾아가는 법: 제네바 공항에서 기차로 1시간 20분 정도
특징: 재즈 외에도 다양한 장르의 뮤지션을 만날 수 있고, 오프 페스티벌도 큰 인기다.

Edinburgh
LIVE INVEST VISIT
The Royal Bank of Scotland
LOVE THE fringe
NO PARKING

세계의 군악대를
만나다

● **에든버러** ●

내가 가진 희한한 성격 가운데 하나는 '남들이 다 하는 걸 하지 않는 다'는 것이다. 관심이 생기지 않는 이상 베스트셀러라고 해서 책을 사보 거나 천만 관객을 돌파했다고 영화를 챙겨 보지는 않는다. 그래서 주위 에서 다 읽고 본 책이나 영화를 혼자만 모르는 것이 꽤 많다(뭐, 개인의 취향을 인정받고 싶은 날라리 문화 기자랄까). 그래서 영국에 살면서도 에든 버러에 가고 싶다는 생각을 해본 적이 없다. 축제 하면 누구나 에든버러 를 떠올리는 데다 심지어 직접 에든버러 프린지 페스티벌에 참여한 사

여기는 축제의 모든 것, 에든버러

람들도 많았기 때문에 '소문난 잔치에 먹을 것 없다'
는 말에 무게를 두고 있었다.

그러던 어느 날 BBC에서 군악대 행진을 보게 됐는
데 이게 꽤 재밌었다. 당시 나는 영국인 노부부와 함께
살고 있었는데, 내가 오랜만에 텔레비전에 코를 박고 있
자 아저씨는 에든버러에 가면 '타투 페스티벌'이 있다
고 알려주었다. 타투? 문신 축제가 있다고? 지금 왜
그 얘기를 하시는 거지? 영국 사람이지만 성격은 나
만큼이나 급한 아저씨는 급기야 소파에서 일어나더
니 불룩 튀어나온 배에 가느다란 다리를 붙여가며
군악대처럼 행진을 시작하셨다. 타투를 연발하
며. 그제야 사전을 찾아보니 '타투'에는 군악행
진이라는 뜻도 있다. 에든버러에 그런 축제가
있다고?

영국인들의 에든버러 예찬

뒤늦게 에든버러에 관심을 갖게 된 나는 종종 에든버러에 가보고 싶
다는 얘기를 꺼냈는데, 그때마다 마주 앉은 영국인들의 표정이 달라졌
다. 워낙 작은 일에도 '러블리, 판타스틱, 브릴리언트'를 외치며 호응해
주는 그들인지라 에든버러 예찬도 과장이라고 생각했는데, 알고 보니

축제를 즐기러 떠나는 유럽

잿빛 도시 에든버러

에든버러는 세계적인 관광 도시면서 영국 내에서도 요크와 바스에 이어 살기 좋은 도시, 여행하고 싶은 도시로 손꼽혔다.

막상 에든버러에 도착하니 그들의 에든버러 예찬에 '엡솔루틀리', 그러니까 '대박'을 붙여줘야 할 것 같았다. 나는 이런 도시를 지금껏 본 적이 없다. 온통 잿빛이다. 공항에서 버스를 타고 들어올 때부터 회색빛의 건조한 건물들이 유독 눈에 띄었지만, 에든버러 시내는 까맣게 타다 남은 것처럼 흙빛이다. 수백 년의 세월을 온몸으로 품고 있는 건축물에서 금방이라도 중세의 기사들이 튀어나올 것만 같다. 세상에 이런 풍경이 또 있을까? 사실 이건 수십 년 청소를 하지 않아서 온갖 먼지와 때, 이끼가 어우러진 모습일 텐데, 푸른 잔디와 숲에 둘러싸인 올드타운의 회색

건축물들은 에든버러를 뭔가 비장하고 근엄한 아름다움이 있는 도시로
보이게 했다.

　이렇듯 스코틀랜드의 전통을 고집스럽게 지키고 있는 대표적인 도시
가 에든버러인데, 바위산에 우뚝 솟아 있는 에든버러 성은 수백 년에 걸
친 잉글랜드와의 전쟁을 대변하듯 화려함보다는 요새로서의 투박함과
견고함이 묻어난다. 아직도 그 사탕이 있는지 모르겠지만, 어렸을 때 어
떤 사탕 광고에 체크무늬 치마를 입은 남자들이 깃털 달린 높다란 모자
를 쓰고 파이프처럼 생긴 악기를 연주하는 모습이 나왔다. 그게 바로 스
코틀랜드의 전통의상인 킬트, 그리고 민속악기인 백파이프다. 신사복을
말끔하게 차려입은 이들이 잉글랜드인을 대변한다면, 킬트와 백파이프
는 스코틀랜드인을 상징한다.

　그런데 영국은 뭐고, 스코틀랜드는 뭐지?

에든버러 덕에 때 아닌 세계사 공부

　에든버러에 관심을 가지면서 갑자기 머릿속이 복잡해지기 시작했다.
UK는 뭐고, 그레이트 브리튼은 뭐고, 잉글랜드와 스코틀랜드는 무슨
관계일까(세계사 시간에 수학 문제를 푼 것이 분명하다). 영국의 정식 명칭
은 '그레이트 브리튼 북아일랜드 연합왕국United Kingdom of Great Britain and
Northern Ireland'이다. 대외적으로는 'UK', 본토에서는 '그레이트 브리튼'
이라는 표현을 많이 쓴다. 영국은 본섬에 있는 잉글랜드, 스코틀랜드, 웨

일스와 북아일랜드 <u>1922년 아일랜드 자유국이 성립될 때 북아일랜드가 영국의 일부로 남</u><u>았다</u>로 구성된 연합국인 것이다. 2012년 런던 올림픽 때 보았던 영국 국기는 '유니언 잭<u>Union Jack</u>'으로 UK를 상징하는 국기이고, 사실상 이들 4개국은 저마다 국기도 다르고 수도도 다르다. 에든버러는 스코틀랜드의 수도이고, 우리 축구팀이 일본을 누르고 동메달을 따낸 카디프는 웨일스의 수도다. 북아일랜드의 수도는 벨파스트다.

에든버러 페스티벌 하우스

　우리에게는 그냥 하나의 영국이지만 1707년 잉글랜드와 스코틀랜드가 연합하기 전까지, 1922년 아일랜드가 독립하기 전까지, 이들 사이에는 싸움이 끊이지 않았다. 특히 잉글랜드와 스코틀랜드는 왕위 계승 문제와 종교 문제 등이 뒤엉킨 데다 서로 고유의 민족성 <u>잉글랜드는 앵글로색슨족, 스코틀랜드는 켈트족</u> 과 문화를 고집했기 때문에 상당한 시간이 지난 지금도 민감한 부분이 있다고 한다(스코틀랜드 내에서는 끊임없이 독립을 요구하는 목소리도 있다).

　그들의 미묘한 관계를 잘 표현한 우스갯소리가 있다. 잉글랜드 사람에게 총알이 두 발 장전된 총을 준다. 그 앞에 프랑스인과 아일랜드인, 스코틀랜드인이 있다면 어떻게 할까? 정답은 일단 스코틀랜드 사람을 쏘고, 남은 총알로 한 번 더 쏜다는 것이다.

　또 에든버러에서 보게 될 월터 스콧 <u>에든버러 출신 시인, 소설가</u> 기념탑은 런던의 트래팔가르 광장에 세워진 넬슨 동상과 비교되곤 한다. 런던에 넬슨 기념탑이 세워진다는 소식을 들은 스코

에든버러의 자랑, 월터 스콧 기념탑

축제를 즐기러 떠나는 유럽

틀랜드인들이 '더 멋진 사람을 기념하는 더 높은 탑을 세우겠다'고 장담
했다는 것이다. 실제로 넬슨 탑이 55미터, 스콧 기념탑이 61미터라니 두
민족의 은근한 자존심 싸움이 재밌다. 아직도 웨일스에는 그들만의 언
어가 있고, 스코틀랜드에는 자체 통화가 있는 걸 보면, 어쩌면 영국은 전
혀 다른 네 개의 나라인지도 모르겠다.

축제 연합도시 에든버러

영국이 연합국가라면 에든버러는 축제들의 연합도시다. 1년 내내 수
많은 페스티벌들이 이 도시를 점령하기 때문이다. 에든버러 페스티벌은
1947년, 2차 세계대전으로 상처받은 사람들의 마음을 치유하기 위해 시
작됐다. 유럽의 오래된 대다수 축제들이 그렇듯 에든버러 페스티벌도
오페라와 클래식 연주회, 발레, 연극을 중심으로 진행된다.

하지만 에든버러가 축제의 도시로 자리를 잡은 데는 에든버러 프린지
페스티벌의 공이 컸다. 프린지 페스티벌은 당시 축제에 초청받지 못한
팀들이 자생적으로 거리에서 공연을 펼치면서 시작됐다. '프린지fringe'
는 '주변, 변두리, 비주류'라는 뜻이다. 에든버러 페스티벌이 공식 초청
으로 이뤄지는 공연이라면 프린지 페스티벌은 소극장에서 또는 길거리
에서 벌이는 그들만의 잔치인 셈이다(이후 많은 국제적인 축제들이 In-Off
체제로 공식 행사 외에도 프린지 페스티벌 형태의 퍼포먼스들을 진행한다).

축제는 여기에서 그치지 않는다. 이후 영화제Film Festival, 밀리터리 타

투 Military Tattoo, 재즈 앤드 블루스 축제 Jazz and Blues Festival, 도서전 Book Festival 등이 가세하면서, 에든버러에서는 8월 한 달에만 무려 여섯 개의 축제가 동시다발로 펼쳐진다. 덕분에 에든버러 성으로 향하는 로열마일 거리는 각종 퍼포먼스와 전시물, 이를 구경하는 관광객들로 항상 장사진을 이룬다.

같은 해에 여러 도시의 축제를 돌다 보면 가끔은 다른 지역에서 봤던 밴드나 행위예술가들을 만나기도 하는데 얼마나 반가운지 모른다. 한번은 스위스 루체른에서 봤던 탑 쌓는 남자를 에든버러에서, 에든버러에서 봤던 밴드를 런던에서 만난 적도 있다.

에든버러에 대한 나의 관심을 싹트게 한 밀리터리 타투는 1950년에 시작됐다. 세계에서 가장 큰 군악 축제로, 세계 각국의 기병대와 보병대가 에든버러 성을 배경으로 절도 있게 행진하며 특유의 군악을 연주한다. 가장 인기 있는 팀은 역시 스코틀랜드 군악대다. 킬트를 입은 수백 명의 경기병이 백파이프를 연주하는 모습은 이곳에서만 볼 수 있는 진풍경이다.

밀리터리 타투 관람의 또 다른 재미는 바로 행사 전에 진행자가 각국의 관람객들을 부르고 객석에서 화답하는 시간이다. "미국 왔나요?" "예!" 뭐, 이런 식이다. 몇 년 전부터 한국도 포함됐다더니, 진행자가 '코리아'를 묻는다. 나도 '예스'라고 소리를 질렀으나 아직 한국인 관람객들의 화답이 크지는 않다. 이번 행사에는 스코틀랜드 외에도 미국, 호주, 중국, 폴란드 등에서 참여했는데, 군악에 재즈와 댄스, 영상, 불꽃놀이를 곁들여 각국의 멋을 자랑한다. 호주는 군복을 입은 여인이 군악대의 호

에든버러 페스티벌의 꽃 밀리터리 타투

밀리터리 타투 중 영상이 덧입혀진 에든버러 성

위를 받으며 재즈카페 버금가는 재지Jazzy한 무대를 선사했고, 미국 군악대는 에든버러 성에 슈퍼맨과 원더우먼 등 총천연색의 영상을 쏘며 자유로움을 과시했다.

나는 공연 내내 '우리 군악대가 와서 공연하면 가장 큰 박수를 받겠다!'는 생각이 들었다. 군악대의 멋은 뭐니 뭐니 해도 절도 있는 동작 아니겠는가? 군기 바짝 들어간, 칼날처럼 각 잡힌 우리 군악대가 출전한다면 좌중을 압도하고도 남을 텐데. 곧 우리 군악대도 페스티벌에 참가한다는 소문이 있으니 기대해보자. 그럼 우리 여행객들도 '코리아'를 부를 때 더 우렁차게 화답하겠지?

공연 티켓은 높은 인기만큼 일찌감치 매진되지만 어둠의 세계에서는 현장에서도 티켓을 구할 수 있으니 너무 쉽게 포기하지 말자. 대부분 중간 자리의 가격이 가장 비싼데, 외곽에서도 군악대 행진을 관람하는 데는 큰 무리가 없다.

남성적인 멋이 돋보이는 에든버러

우리나라에서 에든버러까지 바로 가는 직항 노선은 없지만 런던을 비롯해 유럽의 수많은 도시에서 에든버러 공항으로 입국할 수 있다. 또 런던에서는 킹스 크로스 역에서 에든버러 웨벌리 역까지 기차로 네다섯 시간, 빅토리아 코치 정류장에서는 버스로 아홉 시간여 만에 이동이 가능하다. 런던을 비롯한 영국의 주요 도시에서는 에든버러로 야간에 이

축제를 즐기러 떠나는 유럽

동하는 버스가 있는데, 체력이 좋은 친구들은 이 버스를 많이 이용한다. 여느 관광지가 그렇듯 에든버러도 여름 축제 기간에는 숙박비나 교통비가 크게 오르는데, 주머니 사정이 좋지 않지만 체력만큼은 자신 있다면 야간 버스를 이용하는 게 숙박비까지 아낄 수 있는 방법이기 때문이다.

하지만 20대 중반 이후 급격한 체력 저하를 경험하고 있거나 경추와 척추가 좋지 않은 사람, 예민한 신경으로 차 안에서는 잠을 청하지 못하는 사람은 그 여파가 에든버러 여행에까지 길게 미칠 수 있으니 너무 자신을 괴롭히지는 않는 게 좋겠다.

영국의 여름은 한낮에도 30도를 넘는 일이 거의 없는데, 게다가 에든버러는 런던보다 상당히 북쪽에 있다. 8월에도 선선, 아니 쌀쌀할 수 있다. 소매가 긴 겉옷과 우산, 선글라스를 함께 준비하면 좋다. 특히 밀리터리 타투를 볼 때는 중간에 퇴장이 불가능하고 비가 와도 우산을 쓸 수 없으니 비옷도 준비하면 좋다.

에든버러는 페스티벌 외에도 즐길 거리가 아주 많다. 에든버러는 도시 중앙의 프린시스 거리를 중심으로 올드타운과 뉴타운으로 나뉘는데, 명소가 몰려 있는 올드타운은 물론이고 쇼핑몰과 레스토랑, 박물관들이 가지런히 들어찬 뉴타운도 관광객들에게는 인기 만점이다.

거리가 한산한 오전에는 갤러리를 찾아가 보면 어떨까? 국립 스코틀랜드 미술관은 1850년에 세워진 네오고딕 양식의 건물로, 르네상스부터 후기 인상파까지 유럽 회화 이외에 스코틀랜드 예술 컬렉션을 전시하고 있다. 국립현대미술관은 프랜시스 베이컨, 데미안 허스트, 데이비드 호크니, 피카소 등 스코틀랜드 최고의 컬렉션을 소장하고 있고, 스코티시

잉글랜드의 바스가 여성적이라면(↑), 스코틀랜드의 에든버러는 남성적이다(↓).

축제를 즐기러 떠나는 유럽

내셔널 포트레이트 갤러리에는 스코틀랜드 비극의 메리 여왕과 배우 숀 코넬리 등 스코틀랜드 저명인사들의 초상화가 있다.

나는 에든버러를 한눈에 내려다볼 수 있다고 해서 칼튼 힐Calton Hill에 올라갔다(칼튼 힐은 경사가 완만하고, 홀리루드 파크는 비탈이 상당히 심한데, 힘든 만큼 눈앞에 펼쳐진 그림은 장관이라고 한다). 우리의 아파트가 위로 솟아 있다면 이곳의 집들은 옆으로 길게 늘어서 있다. 도미노처럼 구불구불 줄지어 있는 도심의 잿빛 건물들은 그야말로 장관이다. 잉글랜드의 바스에 가봤다면 비슷한 풍경을 보게 될 텐데, 바스가 여성스럽고 따뜻한 느낌이라면 에든버러는 남성적이고 건조한 느낌이랄까?

그러고 보니 BBC에서 군악대 행진을 보지 못했다면, 타투를 설명하기 위한 아저씨의 온몸을 불사른 퍼포먼스가 없었다면 나는 두고두고 에든버러의 멋을 알지 못했을 것이다. 무뚝뚝하고 서늘하지만 그 안에는 다채로운 뜨거움이 있는 곳, 진짜 매력적인 도시다. 어디 에든버러 같은 남자 없나!

에든버러 페스티벌Edinburgh International Festival
홈페이지 : www.edinburghfestivals.co.uk

Budapest

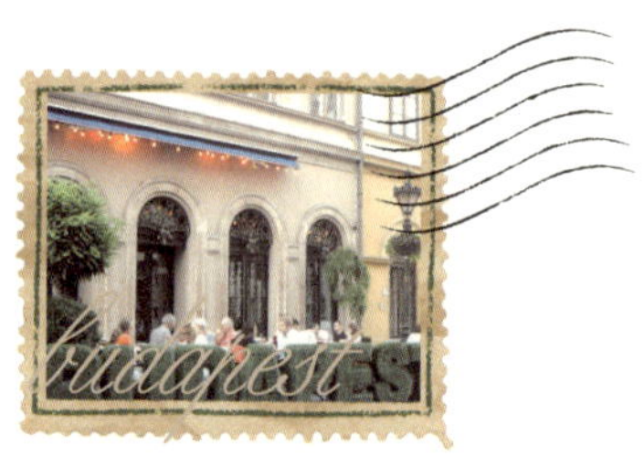

숨겨진 아름다움을
발견하다

● **부다페스트** ●

누구나 죽음에 대해 생각할 때가 있다. 법륜스님은 모든 것에 '왜'라는 의문을 품지 말라고 했지만, 한낱 평범한 중생인 나는 사람이 굳이 살아야 하는 이유가 무엇인지 궁금했다. 적어도 햄릿의 대사처럼 '사느냐 죽느냐' 스스로 선택할 수는 있어야 하지 않을까.

그런 의문이 들었을 때 가장 매력적으로 다가왔던 도시가 부다페스트였다. 한 자 한 자, 발음까지 미치도록 냉소적인 이 도시는 자살의 송가 '글루미 선데이 Gloomy Sunday'가 태어난 곳이다.

세체니 다리로 연결되는 부다와 페스트

1999년 개봉된 슈벨 감독의 영화 〈글루미 선데이〉는 헝가리에서 발표된 동명의 노래에 기대고 있다. 1933년 레조 세레스가 작곡한 '글루미 선데이'가 나오자 자살 사건이 잇따랐다는 것이다. 8주 만에 헝가리에서만 187명이 스스로 목숨을 끊었다는 통계도 있고, 그래서 금지곡이 됐다는 소문까지 있었다. 또 빌리 홀리데이를 시작으로 엘비스 코스텔로, 사라 브라이트만 등이 노래에 깃든 죽음을 예찬하면서 이 곡은 오랫동안 화제가 됐다.

나는 이 영화의 오리지널 사운드트랙을 가지고 있는데, 앨범 재킷에 실린 부다페스트를 볼 때마다 꼭 한 번 가보고 싶었다. 그곳에 가면 해답 이라도 얻을 수 있는 것처럼.

불길한 예감에 사로잡히다

부다페스트의 지하철은 뭐랄까, 공포스럽다. 창문을 열어젖히고 터널 을 달리는 지하철 안에는 매캐한 공기만 가득할 뿐 관광객에게 도움이 되는 그 어떤 정보도 없다. 노선도도 전광판도. 이건 딱 러시아 상트페테 르부르크의 버스 같다.

어쩌다 보니 공항에서부터 눈인사를 나누며 지하철의 같은 칸에 앉게 된 두 여인과 두려움을 함께 나누고 있다. 커다란 배낭을 짊어진 여인은 호주에서 왔는데 두 달 잡은 여행의 막바지라며 지하철 안에서도 꽤 편 안한 자세를 취하고 있고, 작은 캐리어를 사뿐히 끌고 독일에서 온 여인 은 여행의 첫머리에 삭막한 풍경을 만나 어리둥절한 표정이다.

유럽을 떠돈 지 한 달이 넘은, 짐도 딱 두 여인의 중간 크기인 나는 '어 느 정도의 포기'와 '그럼에도 불구하고'의 두 마음이 공존하는 것 같다. 동유럽이기에 각오는 했지만, 부다페스트만의 아름다움을 편하게 담아 가고 싶은 뭐 그런 마음이다.

서로 다른 대륙에서 살다 온 세 여인은 지하철이 정차할 때마다 밖에 있는 역 이름과 가이드북에 있는 노선도를 대조하며 서로 내릴 역을 확인한다. '부다페스트는 어떤 곳일까?'라는 표정과 함께.

　동유럽의 많은 국가들이 그렇듯 헝가리에서도 승차권 검열이 까다롭다. 보통 두세 명의 검표원이 승차권을 확인하고, 문제가 있을 경우 상당히 높은 벌금을 물린다.

　검표원들이 보이기에 승차권을 찾고 있는데 이런, 한 달 넘게 유럽을 누비느라 조금 찢겼던 가방의 바퀴가 에스컬레이터에 걸리고 말았다. 낑낑대는 나와 달리 에스컬레이터는 무서운 기세로 캐리어의 바퀴를 다 벗겨낼 태세다. 바로 5미터 앞에 세 명의 건장한 검표원들이 있건만 그들은 미동도 없이 '쟤가 어떻게 저 위기를 벗어나는지 볼까?' 하는 표정으로 구경만 하고 있다(절대 움직이면 안 된다는 규정이라도 있는 걸까). 도와달라는 말을 내뱉을 겨를도 없이, 이미 혼자 해결해야 한다는 것을 깨달은 나는 있는 힘껏 극단의 에너지를 쏟아냈다. 흐헝! 캐리어는 바퀴 고무가 반쯤 벗겨진 채로 에스컬레이터에서 해방됐고, 땀에 흠뻑 젖은 나는 에너지를 재정비하느라 잠시 부들부들 떨어야 했다. 액땜한 것이리라. 새빨개진 얼굴과 달리 애써 태연한 표정으로 지하철역에서 나가자 운 좋게도 바로 현금인출기가 보인다. 며칠 동안 사용힐 포린트를 어림해서 인출하는데 이런, '0'을 하나 더 눌렀다. 10만 원을 찾으려다 100만 원을 인출한 꼴이다. 어째 일이 계속 꼬일 것 같은 이 불길한 예감은 뭘까?

슬픈 예감은 틀리지 않고

숙소에 짐을 내려놓고 가장 먼저 찾아간 곳은 역시 오페라하우스다. 숙소가 데아크 광장 주변에 있어서 오페라하우스까지 걸어갈 수 있었는데, 거리며 건물이 어찌나 중후하고 멋진지 조금 전 탔던 낡은 지하철은 마치 다른 도시에서 만난 것만 같다(알고 보니 부다페스트는 런던에 이어 세계에서 두 번째로 지하철이 개통된 도시였다).

오페라하우스가 있는 안드라시 거리는 2.3킬로미터의 대로. 극장이나 대사관 등 근사한 건물이 들어서 있는 부다페스트에서 가장 아름다운 거리다. 네오르네상스 양식의 헝가리 국립 오페라하우스는 130년의 역사를 자랑한다. 섬세한 외관과 화려한 내부는 유럽에서도 아름답기로 유명하다. 입구에는 헝가리가 낳은 음악가 리스트와 헝가리 애국가를 작곡한 에르켈의 조각상이 버티고 있다.

들던 대로 멋지구나! 그런데, 오페라하우스 문이 굳게 닫혀 있다. 어제 공연을 끝으로 올해 시즌이 끝났다는 것이다!

계획대로라면 일주일 전에 부다페스트에 왔어야 했는데 상트페테르부르크에서 예정보다 오래 머무는 바람에 일정에 차질이 생겼다. 특히 러시아 저가항공(과거 군용기를 개조해 추락 사고가 잦기로 악명이 높다)을 어떻게든 안 타보겠다고 다른 도시에 들렀다 왔더니, 시즌이 끝나고 말았다.

유럽에 있는 대부분의 오페라하우스들은 9월에 시작해 다음 해 6월에 시즌을 마감한다. 그걸 알면서도, 비행기를 타고 이동하면서도, 이상하게 여행 중에는 날짜 감각이 무뎌진다. 하긴, 쌓인 여독으로 뇌세포의 활동이 느려진 지 오래다. 터벅터벅 되돌아오는데, 아까 그렇게 멋져 보이던 거리가 전혀 눈에 들어오지 않는다.

한참을 걷다 보니 강이 보인다. 그리고 그 강 위로 거대한 다리가 보인다. 그제야 빠져나갔던 영혼이 되돌아오는 기분이다. 바로 〈글루미 선데이〉의 앨범 재킷에서 봤던 세체니 다리다. 나는 아주 조심스럽게, 마치 무슨 의식이라도 치르는 사람처럼 입구의 사자상을 지나 다리 위로 올라갔다.

세체니 다리는 1840년대 도나우 강에 최초로 지어진 다리로, 폭 16미터에 375미터의 길이를 자랑한다. 부다페스트는 도나우 강을 중심으로 구시가 부다 지구와 신시가 페스트 지구로 나뉘는데, 세체니 다리가 놓이기 전까지 부다는 상류층, 페스트는 서민들의 주거지로 여겨지기도 했다. 다리 중간 지점에서 주위를 둘러보니, 그 옛날 사람이 지었다고는 믿을 수 없을 정도로 근사한 건축물들이 펼쳐져 있다. 그걸 보며 감탄하는 수많은 여행객들, 그리고 발 아래로 굽이쳐 흐르는 도나우 강. 나는 튼튼한 다리 위에서 난관을 꽉 붙들고 유속이 빠른 도나우 강을 한참이나 내려다봤다.

시간이 얼마나 흘렀을까? 나는 갑자기 갱생의 길을 걷게 된 구도자처럼 다리에서 내려와 부지런히 인포메이션 센터를 찾았다. 오페라하우스 문이 닫혔다고 부다페스트 여행을 망칠 수는 없지 않은가!

인포의 직원이 인터넷으로 일일이 검색하며 대안을 제시한다. 시즌은 끝났지만 오페라하우스 내부를 둘러보는 가이드 투어가 있고, 국립 단원들의 미니 콘서트도 열린다고 했다. 그리고 관심이 있다면 리스트 박물관에 꼭 가보라고 추천했다. 그래, 지금 할 수 있는 걸 즐기자!

단발머리 피아니스트 리스트

출근 인파가 빠져나간 안드라시 거리를 유유자적 걷고 있다. 나는 리스트 기념관을 찾아가는 중이다. 부다페스트의 페리헤기 국제공항은 2011년 리스트 탄생 200주년을 기념해 이름을 프란츠 리스트 국제공항으로 바꿨다. 부다페스트 도심 곳곳에서도 단발머리 리스트의 동상을 발견할 수 있는데, 이렇듯 프란츠 리스트는 헝가리를 대표하는 작곡가이자 피아니스트다.

리스트는 오스트리아 빈에서 음악을 배우고 이후 프랑스와 독일에서 주로 머물렀다. 19세기 리스트의 연주는 전 유럽을 호령할 정도로 대단했는데, 수려한 외모에 매너도 좋아 연주회마다 수많은 여성 팬들을 몰고 다녔다고 한다. 어릴 때부터 재능을 보인 리스트는 파가니니의 바이올린 연주를 보고 자극을 받아 ‘피아노의 파가니니’가 되기 위해 연습에 몰두했고, 연주 스타일에서도 스케일을 키웠다. 또 교향시라는 새로운 장르를 만들었는데, 문학적인 이야기를 오케스트라로 표현하기 위해 타악기나 금관악기로 화려하고 드라마틱한 음향을 구현했다.

그런 그가 말년에는 고국으로 돌아와 리스트 음악원의 원장이 되어

축제를 즐기러 떠나는 유럽

도심 곳곳에 있는 리스트 동상

후배 양성에 주력했다. 당시만 해도 헝가리에서는 음악을 전문적으로 공부하려면 외국으로 유학을 떠나곤 했는데, 리스트 음악원이 생기면서 최초의 체계적인 음악 교육기관으로 자리매김한 것이다. 현재 리스트 음악원은 최고의 음향 시설을 자랑하는 연주홀을 갖춘 근사한 건물이지만, 그전에는 리스트가 생활했던 이 작은 건물에서 교육도 함께 이뤄졌다. 침실 겸 작업실, 리스트의 강렬한 연주를 견뎌냈다는 뵈젠도르퍼 그랜드 피아노와 초상화 등이 전시돼 있다. 초절기교의 연주와 세련된 매너로 누구에게나 주목받았던 그가 이렇게 단순하고 소박하게 생활할 수 있었다는 것이 믿기지 않을 정도다.

리스트 기념관에서는 일주일에 1회 정도 마티네 공연이 열린다. 불길한 예감대로 역시나 날짜를 맞추지 못한 나는 연주홀이라도 구경할까 싶어 찾아갔는데, 악기를 든 사람들이 잔뜩 긴장한 표정으로 움직이고 있다. 한쪽에서는 바이올린을 든 여인이 서럽게 울고 있다. 기념관 직원에게 물었더니 리스트 음악원 학생들이 시험을 치르고 있다는 것이다. 그래서 연주홀에는 들어갈 수 없다는데 미련을 못 버리고 서성거렸더니 다음 순서 학생들과 함께 들어가 보란다. 나는 학생들 사이에 끼어 음악홀 안으로 들어갔다. 그 엄숙한 분위기에 순간 다리가 굳을 뻔했지만, 혼자만 까만 머리카락이 눈에 띄지 않도록 재빠르게 객석에 앉았다.

무대에는 인자한 할머니 같은 피아노 반주자가 앉아 있고, 피아노 앞에는 바이올린을 들고 연신 손바닥의 땀을 허벅다리에 닦아내는 안경 낀 여학생이 있다.

긴장이 가시지 않은 여학생이 마침내 연주를 시작했지만 얼마 지나지 않아 객석에 앉은 노신사가 연주를 끊었다. 학생은 다시 심호흡을 하고 손바닥의 땀을 닦아내는데, 부들부들 떠는 게 보일 정도다. 다음 곡이 이어지고, 다음 학생의 연주가 이어지고, 교수들의 차가운 채점이 계속되었다. 내쉬는 숨마저 얼어붙을 것 같다. 리스트 음악원의 학생들이니 그 실력과 자부심이 얼마나 대단할까? 하지만 그네들도 지금은 이 작은 무대에서 저렇게 떨고 있다.

그 모습을 보고 있자니 어쩐지 내 나이의 무게가 느껴진다. 내가 꿀 수 있는 꿈이 저들보다 훨씬 줄었기 때문일까? 잉게보르크 바흐만이 그랬

던가. 30세가 되면 천한 가지의 가능성 중 천의 가능성은 이미 사라지고 시기를 놓쳤다고. 저들이 세계 무대로 뻗어나가기 위해서는 얼마나 많은 열정과 노력, 실패와 좌절이 필요할까? 하지만 나는 그들이 겪을 시련마저도 부럽기만 하다.

부다페스트 봄 축제 Budapest Spring Festival
리스트 음악원에서는 벨러 버르토크, 졸탄 코다이, 게오르그 솔티 같은 세계적인 음악가들이 배출됐다. 부다페스트 시내에는 이들의 이름이 걸린 콘서트홀이 조성돼 있는데, 부다페스트 봄 축제는 이 극장들을 중심으로 화려한 불을 밝힌다. 국립 오페라하우스와 예술궁전의 버르토크 콘서트홀, 리스트 음악원 대강당, 에르켈 극장 등 도심 50여 곳에서 170여 개의 퍼포먼스가 펼쳐진다. 오페라를 비롯한 클래식 음악에서 재즈, 발레, 포크댄스, 연극, 회화, 사진, 영화, 서커스까지 만날 수 있는 종합예술제다.
부다페스트의 공연장들은 오전부터 문을 연다. 게다가 저렴한 물가 덕분에 세계적인 예술가들의 공연을 부담 없는 가격에 즐길 수 있다.
홈페이지: http://www.fesztivalvaros.hu/?l=en
개최 시기: 매해 3월 말부터 4월 초까지 보름 정도
찾아가는 법: 부다페스트 국제공항, 또는 빈에서 기차나 버스로 3~4시간

부다페스트의 야경에 녹아들다

오늘은 어쩐지 몸이 무겁다. 결국 늦게까지 침대에서 미적대다 청소하러 들어온 사람과 마주쳤다. 뒤늦게 식당에 갔는데 갓 구운 바게트 냄새가 식욕을 자극한다. 아파도 식욕은 있다. 여행 중 살아남기 위한 본능일까? 일단 오렌지 주스를 마시고, 시리얼에 요거트, 바게트에 버터와

한 폭의 그림 같은 도나우 강변(페스트 쪽에서 바라본 부다 지구)

베리 잼을 바르고 햄과 치즈를 얹어 말끔히 해치운다. 마지막으로 커피를 마시자 딱딱한 바게트에 처참하게 벗겨진 입천장이 비명을 지른다. 유럽의 빵과 커피, 요거트는 왜 이렇게 맛있는 걸까? 입천장이 허물어져도, 세포마다 지방이 들어차도 도저히 막을 수가 없다. 행복한 포만감에 젖어 있다 한낮이 돼서야 숙소에서 나왔다. 일할 때도 일주일에 하루는 쉬는데 여행 중에는 주중무휴다. 이 정도의 게으름은 질책하지 않기

축제를 즐기러 떠나는 유럽

로 한다.

　일단은 강변을 따라 달리는 2번 트램을 타고 국회의사당에 왔다. 런던의 국회의사당이 템스 강변의 자랑거리라면, 부다페스트의 국회의사당도 도나우 강변의 그림 같은 풍경에 한자

도나우 강변을 달리는 2번 트램

리를 차지한다. 런던의 국회의사당이 남성적이라면 이곳은 단연 여성적이다. 네오고딕 양식의 웅장하면서도 섬세한 건물은 특히 돔을 비롯한 지붕이 자주색으로 돼 있어서 마치 흑진주처럼 고혹적이다. 화려함의 극치를 보여주는 내부도 투어가 가능하다는데, 오늘은 몸이 도와주지 않으니 포기하고 다시 버스를 타고 왕궁의 언덕 쪽으로 이동했다.

세체니 다리를 건너왔으니 이곳은 과거 상류층이 주로 살았다는 부다 지구. 그런데 다리 하나를 건너왔을 뿐인데 페스트와는 다른 느낌이다. 자갈길을 따라 마차들이 지나가고, 뾰족한 지붕을 따라 들어선 어부의 요새는 신부의 웨딩드레스처럼 하얘서 신비롭기까지 하다. 그러고 보니 이 일대는 모두 유네스코 세계문화유산으로 지정돼 있다. 분위기 있고 아기자기한 집과 호텔, 레스토랑과 숍들을 따라 걷다 보니 다시 웅장한 건축물들이 눈에 띈다. 바로 헝가리의 역사를 보여주는 왕궁. 건축이 시작된 13세기 중반 이후 수많은 습격과 전쟁으로 수난을 겪어야 했던 곳이다. 지금은 국립 미술관과 도서관, 공연장 등으로 이용되고 있지만 아직도 한쪽에는 전쟁의 포탄 자국이 남아 있다.

나는 세체니 다리가, 아니 부다페스트가 한눈에 내려다보이는 미술관 앞에 자리를 잡고 앉았다. 주위에 호텔 바나 공연장이 있는지 스탠더드 재즈가 듣기 좋게 흘러나온다. 오후 7시가 지났지만, 아직 태양은 기세등등하게 뜨거운 햇볕을 내리쬐고 있다. 도나우 강 위에는 유유히 유람선이 오가고, 하늘에 떠 있는 구름이 한 폭의 그림 같다. 자전거를 타고 바람을 가르는 현지인들, 사진 찍을 자리를 탐색하는 여행객들, 수많은 가족들, 연인들과 지금을 메우고 있다.

축제를 즐기러 떠나는 유럽

8시가 지나자 하늘이 붉게 물들기 시작하더니 9시를 넘기면서 어느새 어둠이 깔리고 도나우 강변에 깜빡깜빡 일제히 조명이 들어온다. 국회의사당에도, 세체니 다리에도, 주변의 많은 건축물에도. 이야! 듣던 대로 정말 아름답다. 부다페스트를 두고 '도나우의 진주', '도나우의 장미'라고 부르는 이유를 알 것 같다. 사실 우리나라에는 부다페스트의 아름다움이 제대로 알려지지 않은 면이 있는데, 그래서 숨은 진주를 발견한 기분이랄까? 페스트 쪽에서 보는 야경도 훌륭해서 굳이 부다까지 넘어갈 필요가 있을까 생각했는데, 이 근사한 모습을 안 보고 부다페스트를 떠났으면 두고두고 후회했을 것이다.

나는 부다페스트의 황홀한 야경에 빠져 마치 사랑하는 연인이라도 되는 듯 시공간의 개념을 잊고 하염없이 도나우 강변을 바라보았다. 그러고 보니 오페라하우스에서 들었던 짧은 아리아도, 성 이슈트반 성당에서 들었던 파이프오르간 연주도, 그리고 지금 어디선가 들려오는 재즈 음악을 배경으로 바라보는 부다페스트의 야경도 참 아름답다. 한여름에 소름이 돋을 정도로. 그리고 이렇게 아름다움을 느끼고 있는 내가 신기하다. 모든 감정이 다 타버린 줄 알았는데, 절망과 원망, 의심만 솟아올라 마음을 뒤흔들곤 했는데, 표정 없던 내 마음에 다시 아름다운 게 보이고 들리기 시작한 것이다.

한낮에도 멋졌던 부다페스트는 칠흑 같은 어둠 속에서 더욱 빛을 발하고 있다. 사람들은 연신 카메라에 근사한 야경을 담아내고, 연인들은 그 그림 속의 일부처럼 다정한 키스를 나눈다.

부다페스트의 황홀한 야경

내 삶의 시계는 지금 몇 시일까? 천의 가능성을 놓쳤지만 찬란한 한 낮을 지나 그 어디쯤에서 또다시 이렇게 아름답게 빛날 수 있을까? 부다페스트의 밤처럼 말이다. 갑자기 차가운 카페라테가 미치도록 마시고 싶다. 카페가 문을 닫기 전에 이제 그만 내려가야겠다. 참, 처음 세체니 다리에서 시커멓게 포효하는 도나우 강을 보고 있자니 무서웠다. 그리고 생각했다. 물론 살아가는 일도 때로는 공포스럽다. 하지만 이제는 사느냐 죽느냐 선택권이 주어진다 한들, 나는 살아갈 것이다. 이왕이면 즐겁게.

결국 부다페스트에서 답을 얻은 셈이다.

다채로운

부다페스트 거리 풍경

노르웨이
스웨덴
덴마크
에든버러
영국
벨기에
독일
체코
루체른
브레겐츠
오스트리아
프랑스
몽트뢰
스위스
베로나
아비뇽
아를
니스
엑상프로방스
이탈리아
포르투갈
스페인

핀란드
러시아
라트비아
리투아니아
폴란드
헝가리
★ 부다페스트
|아